机械设计手册

第6版

单行本

数控技术

主　编　闻邦椿
副主编　鄂中凯　张义民　陈良玉　孙志礼
　　　　宋锦春　柳洪义　巩亚东　宋桂秋

机械工业出版社

《机械设计手册》第6版 单行本共26分册，内容涵盖机械常规设计、机电一体化设计与机电控制、现代设计方法及其应用等内容，具有系统全面、信息量大、内容现代、突显创新、实用可靠、简明便查、便于携带和翻阅等特色。各分册分别为：《常用设计资料和数据》《机械制图与机械零部件精度设计》《机械零部件结构设计》《连接与紧固》《带传动和链传动 摩擦轮传动与螺旋传动》《齿轮传动》《减速器和变速器》《机构设计》《轴 弹簧》《滚动轴承》《联轴器、离合器与制动器》《起重运输机械零部件和操作件》《机架、箱体与导轨》《润滑 密封》《气压传动与控制》《机电一体化技术及设计》《机电系统控制》《机器人与机器人装备》《数控技术》《微机电系统及设计》《机械系统概念设计》《机械系统的振动设计及噪声控制》《疲劳强度设计 机械可靠性设计》《数字化设计》《工业设计与人机工程》《智能设计 仿生机械设计》。

本单行本为《数控技术》，主要介绍数控技术概论、数控系统的点位和轨迹控制原理、数控程序编制、数控伺服系统、数控检测装置、计算机数控装置等内容。

本书供从事机械设计、制造、维修及有关工程技术人员作为工具书使用，也可供大专院校的有关专业师生使用和参考。

图书在版编目（CIP）数据

机械设计手册. 数控技术/闻邦椿主编. —6版. —北京：机械工业出版社，2020.1

ISBN 978-7-111-64758-4

Ⅰ.①机… Ⅱ.①闻… Ⅲ.①机械设计-技术手册②数控技术-技术手册 Ⅳ.①TH122-62②TP273-62

中国版本图书馆CIP数据核字（2020）第025682号

机械工业出版社（北京市百万庄大街22号 邮政编码100037）
策划编辑：曲彩云 责任编辑：曲彩云 高依楠
责任校对：徐 强 封面设计：马精明
责任印制：郜 敏
北京中兴印刷有限公司印刷
2020年4月第6版第1次印刷
184mm×260mm · 6.5印张 · 154千字
0001—2500册
标准书号：ISBN 978-7-111-64758-4
定价：29.00元

电话服务 网络服务
客服电话：010-88361066 机 工 官 网：www.cmpbook.com
010-88379833 机 工 官 博：weibo.com/cmp1952
010-68326294 金 书 网：www.golden-book.com
封底无防伪标均为盗版 机工教育服务网：www.cmpedu.com

出版说明

《机械设计手册》自出版以来，已经进行了5次修订，2018年第6版出版发行。截至2019年，《机械设计手册》累计发行39万套。作为国家级重点科技图书，《机械设计手册》深受广大读者的欢迎和好评，在全国具有很大的影响力。该书曾获得中国出版政府奖提名奖、中国机械工业科学技术奖一等奖、全国优秀科技图书奖二等奖、中国机械工业部科技进步奖二等奖，并多次获得全国优秀畅销书奖等奖项。《机械设计手册》已成为机械设计领域的品牌产品，是机械工程领域最具权威和影响力的大型工具书之一。

《机械设计手册》第6版共7卷55篇，是在前5版的基础上吸收并总结了国内外机械工程设计领域中的新标准、新材料、新工艺、新结构、新技术、新产品、新的设计理论与方法，并配合我国创新驱动战略的需求编写而成的。与前5版相比，第6版无论是从体系还是内容，都在传承的基础上进行了创新。重点充实了机电一体化系统设计、机电控制与信息技术、现代机械设计理论与方法等现代机械设计的最新内容，将常规设计方法与现代设计方法相融合，光、机、电设计融为一体，局部的零部件设计与系统化设计互相衔接，并努力将创新设计的理念贯穿其中。《机械设计手册》第6版体现了国内外机械设计发展的新水平，精心诠释了常规与现代机械设计的内涵、全面荟萃凝练了机械设计各专业技术的精华，它将引领现代机械设计创新潮流、成就新一代机械设计大师，为我国实现装备制造强国梦做出重大贡献。

《机械设计手册》第6版的主要特色是：体系新颖、系统全面、信息量大、内容现代、突显创新、实用可靠、简明便查。应该特别指出的是，第6版手册具有较高的科技含量和大量技术创新性的内容。手册中的许多内容都是编著者多年研究成果的科学总结。这些内容中有不少依托国家“863计划”“973计划”“985工程”“国家科技重大专项”“国家自然科学基金”重大、重点和面上项目资助项目。相关项目有不少成果曾获得国际、国家、部委、省市科技奖励、技术专利。这充分体现了手册内容的重大科学价值与创新性。如仿生机械设计、激光及其在机械工程中的应用、绿色设计与和谐设计、微机电系统及设计等前沿新技术；又如产品综合设计理论与方法是闻邦椿院士在国际上首先提出，并综合8部专著后首次编入手册，该方法已经在高铁、动车及离心压缩机等机械工程中成功应用，获得了巨大的社会效益和经济效益。

在《机械设计手册》历次修订的过程中，出版社和作者都广泛征求和听取各方面的意见，广大读者在对《机械设计手册》给予充分肯定的同时，也指出《机械设计手册》卷册厚重，不便携带，希望能出版篇幅较小、针对性强、便查便携的更加实用的单行本。为满足读者的需要，机械工业出版社于2007年首次推出了《机械设计手册》第4版单行本。该单行本出版后很快受到读者的欢迎和好评。《机械设计手册》第6版已经面市，为了使读者能按需要、有针对性地选用《机械设计手册》第6版中的相关内容并降低购书费用，机械工业出版社在总结《机械设计手册》前几版单行本经验的基础上推出了《机械设计手册》第6版单行本。

《机械设计手册》第6版单行本保持了《机械设计手册》第6版（7卷本）的优势和特色，依据机械设计的实际情况和机械设计专业的具体情况以及手册各篇内容的相关性，将原手册的7卷55篇进行精选、合并，重新整合为26个分册，分别为：《常用设计资料和数据》《机械制图与机械零部件精度设计》《机械零部件结构设计》《连接与紧固》《带传动和链传动　摩擦轮传动与螺旋传动》《齿轮传动》《减速器和变速器》《机构设计》《轴　弹簧》《滚动轴承》《联轴器、离合器与制动器》《起重运输机械零部件和操作件》《机架、箱体与导轨》《润滑　密封》《气压传动与控制》《机电一体化技术及设计》《机电系统控制》《机器人与机器人装备》《数控技术》《微机电系统及设计》《机械系统概念设计》《机械系统的振动设计及噪声控制》《疲劳强度设计　机械可靠性设计》《数字化设计》《工业设计与人机工程》《智能设计　仿生机械设计》。各分册内容针对性强、篇幅适中、查阅和携带方便，读者可根据需要灵活选用。

《机械设计手册》第6版单行本是为了助力我国制造业转型升级、经济发展从高增长迈向高质量，满足广大读者的需要而编辑出版的，它将与《机械设计手册》第6版（7卷本）一起，成为机械设计人员、工程技术人员得心应手的工具书，成为广大读者的良师益友。

由于工作量大、水平有限，难免有一些错误和不妥之处，殷切希望广大读者给予指正。

机械工业出版社

前　　言

本版手册为新出版的第 6 版 7 卷本《机械设计手册》。由于科学技术的快速发展，需要我们对手册内容进行更新，增加新的科技内容，以满足广大读者的迫切需要。

《机械设计手册》自 1991 年面世发行以来，历经 5 次修订，截至 2016 年已累计发行 38 万套。作为国家级重点科技图书的《机械设计手册》，深受社会各界的重视和好评，在全国具有很大的影响力，该手册曾获得全国优秀科技图书奖二等奖（1995 年）、中国机械工业部科技进步奖二等奖（1997 年）、中国机械工业科学技术奖一等奖（2011 年）、中国出版政府奖提名奖（2013 年），并多次获得全国优秀畅销书奖等奖项。1994 年，《机械设计手册》曾在我国台湾建宏出版社出版发行，并在海内外产生了广泛的影响。《机械设计手册》荣获的一系列国家和部级奖项表明，其具有很高的科学价值、实用价值和文化价值。《机械设计手册》已成为机械设计领域的一部大型品牌工具书，已成为机械工程领域权威的和影响力较大的大型工具书，长期以来，它为我国装备制造业的发展做出了巨大贡献。

第 5 版《机械设计手册》出版发行至今已有 7 年时间，这期间我国国民经济有了很大发展，国家制定了《国家创新驱动发展战略纲要》，其中把创新驱动发展作为了国家的优先战略。因此，《机械设计手册》第 6 版修订工作的指导思想除努力贯彻“科学性、先进性、创新性、实用性、可靠性”外，更加突出了“创新性”，以全力配合我国“创新驱动发展战略”的重大需求，为实现我国建设创新型国家和科技强国梦做出贡献。

在本版手册的修订过程中，广泛调研了厂矿企业、设计院、科研院所和高等院校等多方面的使用情况和意见。对机械设计的基础内容、经典内容和传统内容，从取材、产品及其零部件的设计方法与计算流程、设计实例等多方面进行了深入系统的整合，同时，还全面总结了当前国内外机械设计的新理论、新方法、新材料、新工艺、新结构、新产品和新技术，特别是在现代设计与创新设计理论与方法、机电一体化及机械系统控制技术等方面做了系统和全面的论述和凝练。相信本版手册会以崭新的面貌展现在广大读者面前，它将对提高我国机械产品的设计水平、推进新产品的研究与开发、老产品的改造，以及产品的引进、消化、吸收和再创新，进而促进我国由制造大国向制造强国跃升，发挥出巨大的作用。

本版手册分为 7 卷 55 篇：第 1 卷　机械设计基础资料；第 2 卷　机械零部件设计（连接、紧固与传动）；第 3 卷　机械零部件设计（轴系、支承与其他）；第 4 卷　流体传动与控制；第 5 卷　机电一体化与控制技术；第 6 卷　现代设计与创新设计（一）；第 7 卷　现代设计与创新设计（二）。

本版手册有以下七大特点：

一、构建新体系

构建了科学、先进、实用、适应现代机械设计创新潮流的《机械设计手册》新结构体系。该体系层次为：机械基础、常规设计、机电一体化设计与控制技术、现代设计与创新设计方法。该体系的特点是：常规设计方法与现代设计方法互相融合，光、机、电设计融为一体，局部的零部件设计与系统化设计互相衔接，并努力将创新设计的理念贯穿于常规设计与现代设计之中。

二、凸显创新性

习近平总书记在 2014 年 6 月和 2016 年 5 月召开的中国科学院、中国工程院两院院士大会上分别提出了我国科技发展的方向就是“创新、创新、再创新”，以及实现创新型国家和科技强国的三个阶段的目标和五项具体工作。为了配合我国创新驱动发展战略的重大需求，本版手册突出了机械创新设计内容的编写，主要有以下几个方面：

（1）新增第7卷，重点介绍了创新设计及与创新设计有关的内容。

该卷主要内容有：机械创新设计概论，创新设计方法论，顶层设计原理、方法与应用，创新原理、思维、方法与应用，绿色设计与和谐设计，智能设计，仿生机械设计，互联网上的合作设计，工业通信网络，面向机械工程领域的大数据、云计算与物联网技术，3D打印设计与制造技术，系统化设计理论与方法。

（2）在一些篇章编入了创新设计和多种典型机械创新设计的内容。

“第11篇　机构设计”篇新增加了“机构创新设计”一章，该章编入了机构创新设计的原理、方法及飞剪机剪切机构创新设计，大型空间折展机构创新设计等多个创新设计的案例。典型机械的创新设计有大型全断面掘进机（盾构机）仿真分析与数字化设计、机器人挖掘机的机电一体化创新设计、节能抽油机的创新设计、产品包装生产线的机构方案创新设计等。

（3）编入了一大批典型的创新机械产品。

“机械无级变速器”一章中编入了新型金属带式无级变速器，“并联机构的设计与应用”一章中编入了数十个新型的并联机床产品，“振动的利用”一章中新编入了激振器偏移式自同步振动筛、惯性共振式振动筛、振动压路机等十多个典型的创新机械产品。这些产品有的获得了国家或省部级奖励，有的是专利产品。

（4）编入了机械设计理论和设计方法论等方面的创新研究成果。

1）闻邦椿院士团队经过长期研究，在国际上首先创建了振动利用工程学科，提出了该类机械设计理论和方法。本版手册中编入了相关内容和实例。

2）根据多年的研究，提出了以非线性动力学理论为基础的深层次的动态设计理论与方法。本版手册首次编入了该方法并列举了若干应用范例。

3）首先提出了和谐设计的新概念和新内容，阐明了自然环境、社会环境（政治环境、经济环境、人文环境、国际环境、国内环境）、技术环境、资金环境、法律环境下的产品和谐设计的概念和内容的新体系，把既有的绿色设计篇拓展为绿色设计与和谐设计篇。

4）全面系统地阐述了产品系统化设计的理论和方法，提出了产品设计的总体目标、广义目标和技术目标的内涵，提出了应该用IQCTES六项设计要求来代替QCTES五项要求，详细阐明了设计的四个理想步骤，即“3I调研”“7D规划”“1+3+X实施”“5（A+C）检验”，明确提出了产品系统化设计的基本内容是主辅功能、三大性能和特殊性能要求的具体实现。

5）本版手册引入了闻邦椿院士经过长期实践总结出的独特的、科学的创新设计方法论体系和规则，用来指导产品设计，并提出了创新设计方法论的运用可向智能化方向发展，即采用专家系统来完成。

三、坚持科学性

手册的科学水平是评价手册编写质量的重要方面，因此，本版手册特别强调突出内容的科学性。

（1）本版手册努力贯彻科学发展观及科学方法论的指导思想和方法，并将其落实到手册内容的编写中，特别是在产品设计理论方法的和谐设计、深层次设计及系统化设计的编写中。

（2）本版手册中的许多内容是编著者多年研究成果的科学总结。这些内容中有不少是国家863、973计划项目，国家科技重大专项，国家自然科学基金重大、重点和面上项目资助项目的研究成果，有不少成果曾获得国际、国家、部委、省市科技奖励及技术专利，充分体现了本版手册内容的重大科学价值与创新性。

下面简要介绍本版手册编入的几方面的重要研究成果：

1）振动利用工程新学科是闻邦椿院士团队经过长期研究在国际上首先创建的。本版手册中编入了振动利用机械的设计理论、方法和范例。

2）产品系统化设计理论与方法的体系和内容是闻邦椿院士团队提出并加以完善的，编写者依据多年的研究成果和系列专著，经综合整理后首次编入本版手册。

3）仿生机械设计是一门新兴的综合性交叉学科，近年来得到了快速发展，它为机械设计的创新提供了新思路、新理论和新方法。吉林大学任露泉院士领导的工程仿生教育部重点实验室开展了大量的深入研究工作，取得了一系列创新成果且出版了专著，据此并结合国内外大量较新的文献资料，为本版手册构建了仿生机械设计的新体系，编写了“仿生机械设计”篇（第50篇）。

4）激光及其在机械工程中的应用篇是中国科学院长春光学精密机械与物理研究所王立军院士依据多年的研究成果，并参考国内外大量较新的文献资料编写而成的。

5）绿色制造工程是国家确立的五项重大工程之一，绿色设计是绿色制造工程的最重要环节，是一个新的学科。合肥工业大学刘志峰教授依据在绿色设计方面获多项国家和省部级奖励的研究成果，参考国内外大量较新的文献资料为本版手册首次构建了绿色设计新体系，编写了“绿色设计与和谐设计”篇（第48篇）。

6）微机电系统及设计是前沿的新技术。东南大学黄庆安教授领导的微电子机械系统教育部重点实验室多年来开展了大量研究工作，取得了一系列创新研究成果，本版手册的“微机电系统及设计”篇（第28篇）就是依据这些成果和国内外大量较新的文献资料编写而成的。

四、重视先进性

（1）本版手册对机械基础设计和常规设计的内容做了大规模全面修订，编入了大量新标准、新材料、新结构、新工艺、新产品、新技术、新设计理论和计算方法等。

1）编入和更新了产品设计中需要的大量国家标准，仅机械工程材料篇就更新了标准126个，如GB/T 699—2015《优质碳素结构钢》和GB/T 3077—2015《合金结构钢》等。

2）在新材料方面，充实并完善了铝及铝合金、钛及钛合金、镁及镁合金等内容。这些材料由于具有优良的力学性能、物理性能以及回收率高等优点，目前广泛应用于航空、航天、高铁、计算机、通信元件、电子产品、纺织和印刷等行业。增加了国内外粉末冶金材料的新品种，如美国、德国和日本等国家的各种粉末冶金材料。充实了国内外工程塑料及复合材料的新品种。

3）新编的“机械零部件结构设计”篇（第4篇），依据11个结构设计方面的基本要求，编写了相应的内容，并编入了结构设计的评估体系和减速器结构设计、滚动轴承部件结构设计的示例。

4）按照GB/T 3480.1~3—2013（报批稿）、GB/T 10062.1~3—2003及ISO 6336—2006等新标准，重新构建了更加完善的渐开线圆柱齿轮传动和锥齿轮传动的设计计算新体系；按照初步确定尺寸的简化计算、简化疲劳强度校核计算、一般疲劳强度校核计算，编排了三种设计计算方法，以满足不同场合、不同要求的齿轮设计。

5）在“第4卷　流体传动与控制”卷中，编入了一大批国内外知名品牌的新标准、新结构、新产品、新技术和新设计计算方法。在“液力传动”篇（第23篇）中新增加了液黏传动，它是一种新型的液力传动。

（2）“第5卷　机电一体化与控制技术”卷充实了智能控制及专家系统的内容，大篇幅增加了机器人与机器人装备的内容。

机器人是机电一体化特征最为显著的现代机械系统，机器人技术是智能制造的关键技术。由于智能制造的迅速发展，近年来机器人产业呈现出高速发展的态势。为此，本版手册大篇幅增加了“机器人与机器人装备”篇（第26篇）的内容。该篇从实用性的角度，编写了串联机器人、并联机器人、轮式机器人、机器人工装夹具及变位机；编入了机器人的驱动、控制、传感、视角和人工智能等共性技术；结合喷涂、搬运、电焊、冲压及压铸等工艺，介绍了机器人的典型应用实例；介绍了服务机器人技术的新进展。

（3）为了配合我国创新驱动战略的重大需求，本版手册扩大了创新设计的篇数，将原第6卷扩编为两卷，即新的“现代设计与创新设计（一）”（第6卷）和“现代设计与创新设计（二）”（第7卷）。前者保留了原第6卷的主要内容，后者编入了创新设计和与创新设计有关的内容及一些前沿的技术内容。

本版手册“现代设计与创新设计（一）”卷（第6卷）的重点内容和新增内容主要有：

1）在“现代设计理论与方法综述”篇（第32篇）中，简要介绍了机械制造技术发展总趋势、在国际上有影响的主要设计理论与方法、产品研究与开发的一般过程和关键技术、现代设计理论的发展和根据不同的设计目标对设计理论与方法的选用。闻邦椿院士在国内外首次按照系统工程原理，对产品的现代设计方法做了科学分类，克服了目前产品设计方法的论述缺乏系统性的不足。

2）新编了“数字化设计”篇（第40篇）。数字化设计是智能制造的重要手段，并呈现应用日益广泛、发展更加深刻的趋势。本篇编入了数字化技术及其相关技术、计算机图形学基础、产品的数字化建模、数字化仿真与分析、逆向工程与快速原型制造、协同设计、虚拟设计等内容，并编入了大型全断面掘进机（盾构机）的数字化仿真分析和数字化设计、摩托车逆向工程设计等多个实例。

3）新编了“试验优化设计”篇（第41篇）。试验是保证产品性能与质量的重要手段。本篇以新的视觉优化设计构建了试验设计的新体系、全新内容，主要包括正交试验、试验干扰控制、正交试验的结果分析、稳健试验设计、广义试验设计、回归设计、混料回归设计、试验优化分析及试验优化设计常用软件等。

4）将手册第5版的“造型设计与人机工程”篇改编为“工业设计与人机工程”篇（第42篇），引入了工业设计的相关理论及新的理念，主要有品牌设计与产品识别系统（PIS）设计、通用设计、交互设计、系统设计、服务设计等，并编入了机器人的产品系统设计分析及自行车的人机系统设计等典型案例。

（4）“现代设计与创新设计（二）”卷（第7卷）主要编入了创新设计和与创新设计有关的内容及一些前沿技术内容，其重点内容和新编内容有：

1）新编了“机械创新设计概论”篇（第44篇）。该篇主要编入了创新是我国科技和经济发展的重要战略、创新设计的发展与现状、创新设计的指导思想与目标、创新设计的内容与方法、创新设计的未来发展战略、创新设计方法论的体系和规则等。

2）新编了“创新设计方法论”篇（第45篇）。该篇为创新设计提供了正确的指导思想和方法，主要编入了创新设计方法论的体系、规则，创新设计的目的、要求、内容、步骤、程序及科学方法，创新设计工作者或团队的四项潜能，创新设计客观因素的影响及动态因素的作用，用科学哲学思想来统领创新设计工作，创新设计方法论的应用，创新设计方法论应用的智能化及专家系统，创新设计的关键因素及制约的因素分析等内容。

3）创新设计是提高机械产品竞争力的重要手段和方法，大力发展创新设计对我国国民经济发展具有重要的战略意义。为此，编写了“创新原理、思维、方法与应用”篇（第47篇）。除编入了创新思维、原理和方法，创新设计的基本理论和创新的系统化设计方法外，还编入了29种创新思维方法、30种创新技术、40种发明创造原理，列举了大量的应用范例，为引领机械创新设计做出了示范。

4）绿色设计是实现低资源消耗、低环境污染、低碳经济的保护环境和资源合理利用的重要技术政策。本版手册中编入了“绿色设计与和谐设计”篇（第48篇）。该篇系统地论述了绿色设计的概念、理论、方法及其关键技术。编者结合多年的研究实践，并参考了大量的国内外文献及较新的研究成果，首次构建了系统实用的绿色设计的完整体系，包括绿色材料选择、拆卸回收产品设计、包装设计、节能设计、绿色设计体系与评估方法，并给出了系列典型范例，这些对推动工程绿色设计的普遍实施具有重要的指引和示范作用。

5）仿生机械设计是一门新兴的综合性交叉学科，本版手册新编入了“仿生机械设计”篇（第50篇），包括仿生机械设计的原理、方法、步骤，仿生机械设计的生物模本，仿生机械形态与结构设计，仿生机械运动学设计，仿生机构设计，并结合仿生行走、飞行、游走、运动及生机电仿生手臂，编入了多个仿生机械设计范例。

6）第55篇为“系统化设计理论与方法”篇。装备制造机械产品的大型化、复杂化、信息化程度越来越高，对设计方法的科学性、全面性、深刻性、系统性提出的要求也越来越高，为了满足我国制造强国的重大需要，亟待创建一种能统领产品设计全局的先进设计方法。该方法已经在我国许多重要机械产品（如动车、大型离心压缩机等）中成功应用，并获得重大的社会效益和经济效益。本版手册对该系统化设计方法做了系统论述并给出了大型综合应用实例，相信该系统化设计方法对我国大型、复杂、现代化机械产品的设计具有重要的指导和示范作用。

7）本版手册第7卷还编入了与创新设计有关的其他多篇现代化设计方法及前沿新技术，包括顶层设计原理、方法与应用，智能设计，互联网上的合作设计，工业通信网络，面向机械工程领域的大数据、云计算与物联网技术，3D打印设计与制造技术等。

五、突出实用性

为了方便产品设计者使用和参考，本版手册对每种机械零部件和产品均给出了具体应用，并给出了选用方法或设计方法、设计步骤及应用范例，有的给出了零部件的生产企业，以加强实际设计的指导和应用。本版手册的编排尽量采用表格化、框图化等形式来表达产品设计所需要的内容和资料，使其更加简明、便查；对各种标准采用摘编、数据合并、改排和格式统一等方法进行改编，使其更为规范和便于读者使用。

六、保证可靠性

编入本版手册的资料尽可能取自原始资料，重要的资料均注明来源，以保证其可靠性。所有数据、公式、图表力求准确可靠，方法、工艺、技术力求成熟。所有材料、零部件、产品和工艺标准均采用新公布的标准资料，并且在编入时做到认真核对以避免差错。所有计算公式、计算参数和计算方法都经过长期检验，各种算例、设计实例均来自工程实际，并经过认真的计算，以确保可靠。本版手册编入的各种通用的及标准化的产品均说明其特点及适用情况，并注明生产厂家，供设计人员全面了解情况后选用。

七、保证高质量和权威性

本版手册主编单位东北大学是国家211、985重点大学、“重大机械关键设计制造共性技术”985创新平台建设单位、2011国家钢铁共性技术协同创新中心建设单位，建有“机械设计及理论国家重点学科”和“机械工程一级学科”。由东北大学机械及相关学科的老教授、老专家和中青年学术精英组成了实力强大的大型工具书编写团队骨干，以及一批来自国家重点高校、研究院所、大型企业等30多个单位、近200位专家、学者组成了高水平编审团队。编审团队成员的大多数都是所在领域的著名资深专家，他们具有深广的理论基础、丰富的机械设计工作经历、丰富的工具书编纂经验和执着的敬业精神，从而确保了本版手册的高质量和权威性。

在本版手册编写中，为便于协调，提高质量，加快编写进度，编审人员以东北大学的教师为主，并组织邀请了清华大学、上海交通大学、西安交通大学、浙江大学、哈尔滨工业大学、吉林大学、天津大学、华中科技大学、北京科技大学、大连理工大学、东南大学、同济大学、重庆大学、北京化工大学、南京航空航天大学、上海师范大学、合肥工业大学、大连交通大学、长安大学、西安建筑科技大学、沈阳工业大学、沈阳航空航天大学、沈阳建筑大学、沈阳理工大学、沈阳化工大学、重庆理工大学、中国科学院长春光学精密机械与物理研究所、中国科学院沈阳自动化研究所等单位的专家、学者参加。

在本版手册出版之际，特向著名机械专家、本手册创始人、第1版及第2版的主编徐灏教授致以崇高的敬意，向历次版本副主编邱宣怀教授、蔡春源教授、严隽琪教授、林忠钦教授、余俊教授、汪恺总工程师、周士昌教授致以崇高的敬意，向参加本手册历次版本的编写单位和人员表示衷心感谢，向在本手册历次版本的编写、出版过程中给予大力支持的单位和社会各界朋友们表示衷心感谢，特别感谢机械科学研究总院、郑州机械研究所、徐州工程机械集团公司、北方重工集团沈阳重型机械集团有限责任公司和沈阳矿山机械集团有限责任公司、沈阳机床集团有限责任公司、沈阳鼓风机集团有限责任公司及辽宁省标准研究院等单位的大力支持。

由于编者水平有限，手册中难免有一些不尽如人意之处，殷切希望广大读者批评指正。

主编 闻邦椿

目　录

第27篇　数控技术

第1章　概　论

第2章　数控系统的点位和轨迹控制原理

第3章　数控程序编制

第 4 章 数控伺服系统

第 5 章 数控检测装置

第 6 章 计算机数控装置

第 27 篇　数 控 技 术

主　编　巩亚东　张耀满

编写人　巩亚东　张耀满

审稿人　刘　杰　李宪凯

第 5 版
数 控 技 术

主　编　巩亚东　张耀满
编写人　巩亚东　张耀满
审稿人　刘　杰　李宪凯

第1章　概　　论

1　基本概念

数控技术是采用数字代码形式的信息，按给定的工作程序、运动速度和轨迹，对被控对象进行自动操作的技术。它综合了计算机、微电子、自动控制、检测、精密机械和信息处理等技术，因而具有技术密集、多学科交叉、应用范围广的特点。

数控技术具有高速度、高精度、高柔性和高集成化等优点，尤其在多品种、小批量、高效率及复杂形状零件的自动加工中，显示出了极大的优越性。

数控技术应用范围十分广泛。它首先在机械加工中获得广泛的应用，有数控铣床、数控磨床、数控加工中心等数控设备；其次，在仪器仪表、医疗电子仪器、纺织、印刷、包装等行业中也出现了许多数控设备。

此外，数字显示、数字检测、生产系统的数字控制等都可归属于数控技术中。

微电子技术和计算机技术的进步，推动了数控技术的迅速发展。目前推出的数控设备，在结构上、功能上以及实现的技术手段上都与传统的数控设备有很大的差异，性能指标有很大的提高。

数控技术在国民经济建设中具有极其重要的作用。它可以把机械加工设备的功能、效率、柔性提高到一个新水平，大大改善产品的加工质量，提高生产效率。它是机电产品的关键技术，对推动机电产品的发展有着重要的作用。它是近期发展起来的、具有更大柔性和更高效率的柔性制造系统（Flexible Manufacturing System，FMS）和计算机集成制造系统（Computer Integrated Manufacturing System，CIMS）的基础技术之一。FMS 和 CIMS 也向数控技术的发展提出了更新、更高的要求，正在开发面向 FMS 和 CIMS 的新型数控技术。

由于数控技术在机械工业中的重要地位，近十年来，世界上数控机床的数量增加了 10 倍。日本的数控机床品种已达 1300 多种，机床产值数控化率为 70%。有些现代化机械加工车间使用机床的数控化率已超过 90%。

总之，数控技术已成为当今工业设备不可忽视的新技术，对我国今后的技术进步与科学发展具有重要的先导作用，急需大力发展。

1.1　数控设备的组成

数控设备由数控系统（控制介质、数控装置、伺服系统、检测装置）及被控对象组成，如图27.1-1所示。

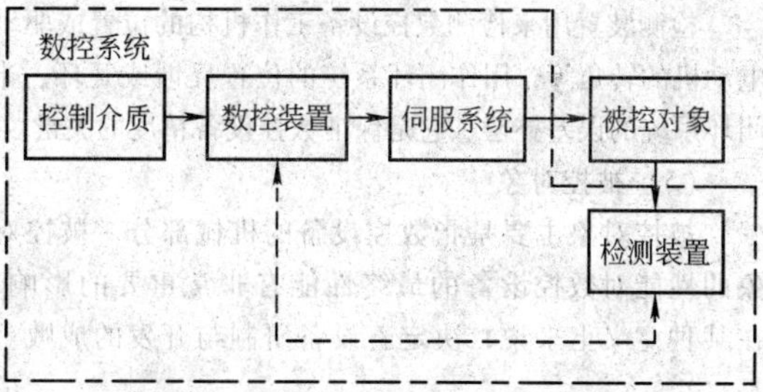

图 27.1-1　数控设备的组成

在图 27.1-1 中，除了被控对象以外的其他部分，统称为数控系统。所以，数控系统包括以下几个部分。

（1）控制介质

控制介质是人与被控对象之间建立联系的媒介。在控制介质上存储着数控设备的全部操作信息。控制介质有多种形式，常用的有穿孔带、穿孔卡、磁带、磁盘或拨码开关等，作为人机对话终端设备的操作键盘，也可以视为控制介质。

（2）数控装置

数控装置接受来自控制介质的控制信息并转换成数控设备的操作（指令）信号。它由输入装置、控制器、运算器和输出装置四部分组成，如图 27.1-2 点画线框内部分所示。

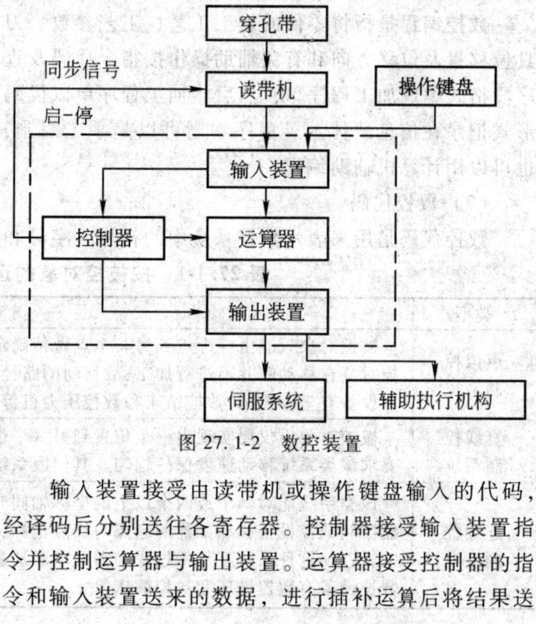

图 27.1-2　数控装置

输入装置接受由读带机或操作键盘输入的代码，经译码后分别送往各寄存器。控制器接受输入装置指令并控制运算器与输出装置。运算器接受控制器的指令和输入装置送来的数据，进行插补运算后将结果送到输出装置。输出装置根据控制器的指令将运算器送来的计算结果输送到伺服系统和辅助执行机构。

（3）伺服系统

伺服系统是数控设备位置控制的执行机构，其作用是将数控装置输出的位移指令经功率放大后迅速、准确地转换为位移量或转角。

（4）检测装置

检测装置用来检测数控设备工作机构的位置或驱动电动机的转角等，用作闭环系统的位置反馈或开环、半闭环系统的误差补偿。它是保证数控设备精度的关键。

（5）被控对象

被控对象主要是指数控设备的机械部分。被控对象的性能对数控设备的最终性能有非常重要的影响，在某种意义上来说，决定着设备研制与开发的成败。

1.2 数控设备的工作过程和分类

1.2.1 数控设备的工作过程

数控加工过程包括由给定零件的加工要求（零件图样、CAD数据或实物模型）到完成加工的全过程，其主要内容涉及数控加工工艺和数控编程技术两大方面。在数控机床上加工零件所涉及的范围比较广，与相关的配套技术有着密切的关系，程序编制人员应该熟练地掌握工艺分析、工艺设计和切削用量的选择，能够正确地提出刀具、辅具和零件的装夹方案，懂得刀具的测量方法，了解数控机床的性能和特点，熟悉程序编制方法和程序的输入方式等。数控机床加工过程可分为以下几个步骤：

（1）程序编制

数控编程是指将零件的加工工艺、工艺参数、刀具位移量及位移方向和有关辅助操作按指令代码及程序段格式编成加工程序单，然后将加工程序单以代码形式记录在信息载体上。程序编制可以是手工编制，也可以用计算机辅助编程。

（2）数控代码

数控代码是用来表示数控系统中的符号、字母和数字的专用代码，并可用来组成数控指令。在控制介质中，数控代码通常用规定的格式记录。目前，国际上使用EIA（Electronic Industries Association）代码和ISO（International Organization for Standardization）代码。我国规定ISO代码为标准代码。

对数控代码进行识别并翻译成数控系统能用于运算控制的信号形式称为译码。它有硬件译码和计算机程序译码两种。在硬件译码中，根据规定的代码孔设计成相应的电路，当输入一定的代码后，译码电路就打开相应的门，表示该代码已输入系统。在计算机数控中，程序译码取代硬件译码电路。译码之前，先将零件程序存放在缓冲器中。译码时，译码程序依次将一个个字符和相应的数码与缓冲器中的零件程序进行比较，若两者相等，说明输入了该字符。计算机程序译码是串行工作的，而硬件译码电路则是并行工作的，因而计算机程序译码有较高的译码速度。

（3）刀具轨迹计算

刀具轨迹计算是指将控制介质上的程序数据逐段输给数控系统的有关部分后，数控系统就会进行刀具轨迹计算，即计算刀具中心沿各坐标轴移动的增量值。

（4）插补计算

插补计算是指根据刀具中心点沿各坐标轴移动的指令信息，以适当的函数关系进行各坐标轴脉冲分配的计算。只有通过插补运算，使两个或两个以上坐标轴协调地工作，才能合成所需目标位置的几何轨迹或加工出需要的零件形状。

相对于每一个脉冲信号，数控设备运动部件所产生的相应位移量称为脉冲当量。它是数控设备的一个基本技术数据。其他技术数据还有最大编程尺寸、进给速度范围、快速移动速度、插补种类（定位、直线插补、圆弧插补及螺旋线插补等）、控制轴数及同时控制轴数等。

1.2.2 数控设备的分类

（1）数控系统按被控对象的运动轨迹分类

可分为点位控制系统、直线控制系统和连续控制系统。各类型系统的特点及应用见表27.1-1。

表27.1-1 按被控对象的运动轨迹分类的系统特点及应用

类型	系统特点及应用
点位控制系统	被控对象只能由一个点到另一个点做精确定位。定位精度和定位速度是该类系统的两个基本要求。该类被控对象在移动时并不进行加工，故移动的路径并不重要，待到达定位点后才进行各种加工。使用该类系统的数控设备有坐标镗床、数控钻床和数控压力机等
直线控制系统	被控对象不仅要实现由一个位置到另一个位置按直线轨迹精确移动，而且在移动过程中要进行加工。因此，要求该类系统移动速度保持均匀。其伺服系统要求有足够的功率、宽的调速范围和优良的动态特性
连续控制系统	该类系统能对两个或两个以上的坐标轴同时进行控制，实现任意坐标平面内曲线或空间曲线的加工，它不仅能控制数控设备移动部件的起点与终点坐标，还能控制整个加工过程每一点的速度与位移量，即可实现控制加工轨迹。这种系统在加工过程中需要不断地进行插补运算，并进行相应的速度与位移控制。使用该类系统的数控设备有数控铣床和数控磨床等

对于轮廓控制的数控机床，根据同时控制坐标轴的数目，还可以分为两轴联动、两轴半联动、三轴联动、四轴或五轴联动等。

1）两轴联动。同时控制两个坐标轴实现二维直线、斜线和圆弧等曲线的轨迹控制，如图 27.1-3 所示。

2）两轴半联动。用于三轴以上机床的简化控制，其中两个轴为联动控制，另一个轴做周期调整进给。如图 27.1-4 所示，在数控铣床上用球头铣刀对三维空间曲面用行切法进行加工，其中球头铣刀在 XZ 平面内进行插补控制，以铣削曲线，每加工完一段后，移动 ΔY，Y 轴是调整坐标轴。

3）三轴联动。同时控制 X、Y、Z 三个直线坐标轴联动，如图 27.1-5 所示，或控制 X、Y、Z 中两个直线坐标轴和绕其中某一直线坐标轴做旋转运动的另一坐标轴。例如，车削加工中心除了沿纵向（Z 轴）、横向（X 轴）两个直线坐标轴运动外，还同时控制绕 Z 轴旋转的主轴（C 轴）联动。

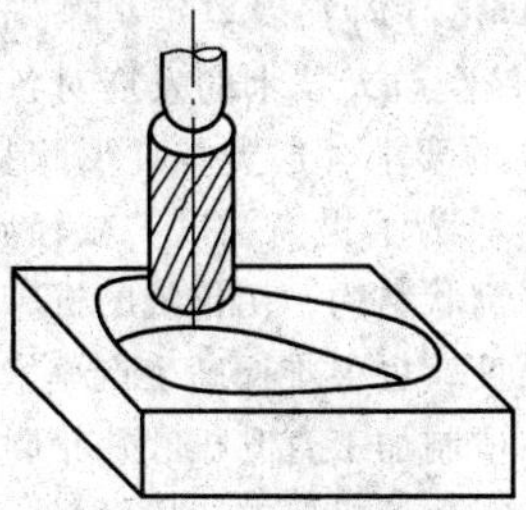

图 27.1-3　两轴联动加工

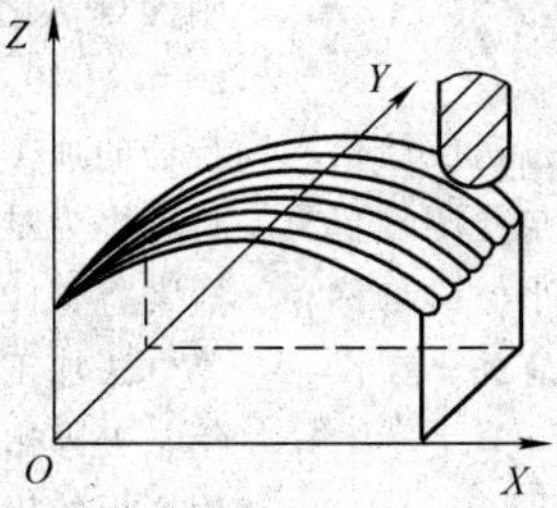

图 27.1-4　两轴半机床行切法加工

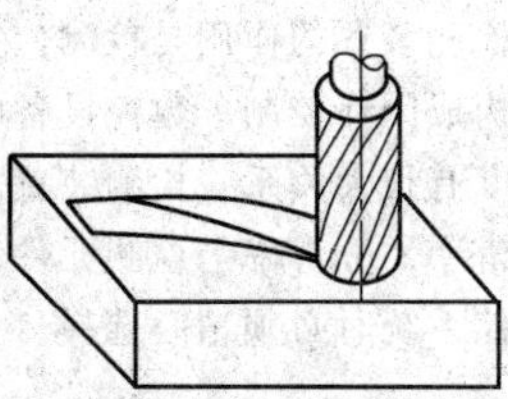

图 27.1-5　三轴联动加工

4）四轴或五轴联动。在某些复杂曲面的加工中，为了保证加工精度或提高加工效率，铣刀的侧面或端面应始终与曲面贴合，这就需要铣刀轴线位于曲线或曲面的切线或法线方向，为此，除需要 X、Y、Z 三个直线坐标轴联动外，还需要同时控制三个旋转坐标 A、B、C 中的一个或两个，使铣刀轴线围绕直线坐标轴摆动，形成四轴或五轴联动，如图 27.1-6 和图 27.1-7 所示。

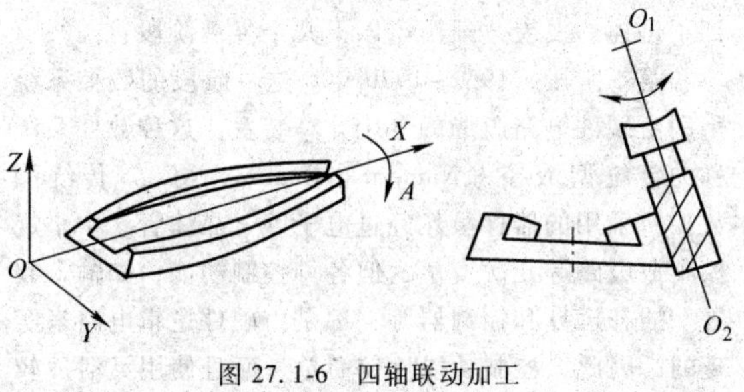

图 27.1-6　四轴联动加工

如图 27.1-6 所示为四轴联动加工。图中飞机大梁的加工表面是直纹扭曲面，若采用球头铣刀三坐标联动加工，不但生产效率低，而且加工表面质量差，为此，采用四轴联动的圆柱铣刀周边切削方式。此时，除了三个移动坐标联动外，为了保证刀具与工件型面在全长上始终接触，刀具轴线还要同时绕移动坐标轴 X 摆动，即做 A 坐标运动。

如果要加工如图 27.1-7 所示的异形凸台，为了保证铣刀的周边与曲面的侧面重合，除了三个移动坐标联动外，圆柱铣刀的轴线必须沿 A、B 坐标做绕 X 轴和 Y 轴的旋转运动。

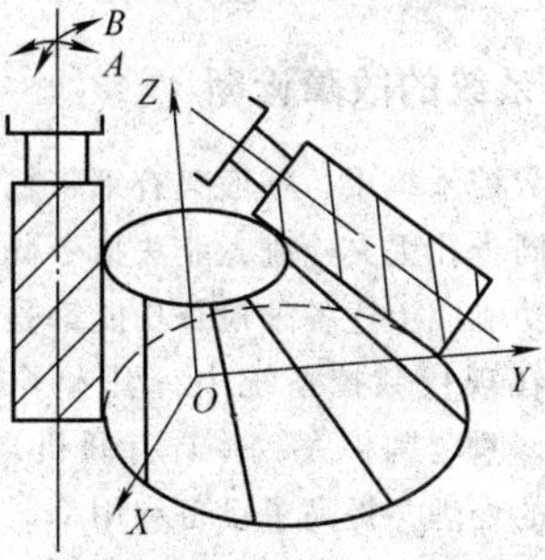

图 27.1-7　五轴联动加工

（2）按伺服系统工作原理分类

可分为开环控制系统、半闭环控制系统和闭环控制系统。各类型系统的特点和应用见表 27.1-2。

表 27.1-2　伺服系统的类型、特点和应用

类型	系统特点及应用
开环控制系统	不带反馈装置的控制系统。通常用功率步进电动机或电液脉冲马达作为执行机构。开环控制系统具有结构简单、成本低廉、调整维护方便等优点。由于没有位置检测装置，不能对步进电动机的步距误差、齿轮和丝杠等的传动误差进行补偿，所以开环系统的控制精度比较低
半闭环控制系统	带有位置反馈装置的控制系统。在其驱动电动机轴上装有角位移检测装置，并将角位移检测和驱动电动机做成一个整体，通过检测驱动电动机的转角，间接地测量移动部件的直线位移，并反馈到数控装置中。由于角位移检测装置的结构比较简单，安装调整方便，稳定性好，如果配上精密滚珠丝杠，就能够达到较高的控制精度，所以使用较普遍

（续）

类型	系统特点及应用
闭环控制系统	在数控设备运动部件位置直接装上位置检测装置，并将检测到的实际位移值反馈到数控装置中，与输入的指令位移值进行比较，用偏差值进行伺服系统的控制。闭环系统能补偿包括传动装置中的各种误差，有极高的控制精度。但是，由于检测装置的引入增加了控制系统的复杂性，而且对传动系统的刚性及间隙等各种因素也提出了较高的要求

数控机床的其他分类方法还有：按工艺用途进行分类和按功能水平进行分类等，其具体的分类方法说明可以参考其他数控技术方面的书籍。

1.3 数控设备的检测装置

检测装置的作用是检测位移和速度，发送反馈信号，构成闭环控制。数控设备的加工精度与检测装置的精度有很大关系。检测装置能测量的最小位移量称为分辨率。分辨率与检测元件和测量线路有关，在设计数控系统时必须精心选择。

1.4 数控设备的辅助功能

数控设备的辅助功能有：表示主轴转速的S功能；表示刀具选择的T功能；表示启用辅助工具的M功能；表示坐标运动方式，为插补控制做准备的G功能。

在传统的数控中，M、S、T、G功能采用继电器控制逻辑来实现；在计算机数控中，一般采用可编程序逻辑控制器（PLC）来实现。

1.5 数控系统的故障诊断

早期的数控系统中，一般只有纸带输入的纵、横奇偶校验，同步孔丢失检查，非法指令码检查，以及越位报警等功能。上述各种检查功能都是采用硬件电路实现的。在现代数控系统中，引入了软件检查功能，使故障诊断范围扩大，并具有联机自诊断能力，加速了故障的处理，提高了设备利用率。所谓联机自诊断是指运行中的自我诊断。在运行程序中融合自诊断程序，可随时检查不正常的事件。

现代数控系统中，除了自诊断功能外，还有脱机诊断功能。所谓脱机诊断不是在系统运行程序中包含诊断程序，而是模拟运行条件的一种离机诊断。例如，数控系统提供各种脱机诊断程序纸带，通过读带机读入，即可检查存储器、外围设备等是否有故障存在。

2 数控技术的发展和现状

2.1 数控技术的产生与发展

数控机床是在机械制造技术和控制技术基础上发展起来的。第一台电子计算机叫作ENIAC（电子数字积分计算机的简称，英文全称为 Electronic Numerical Integrator and Computer），它于1946年2月15日在美国诞生。计算机的研制成功为产品制造由刚性自动化向柔性自动化方向发展奠定了基础。自20世纪40年代以来，航空航天技术的发展对各种飞行器的加工提出了更高的要求，这类零件形状复杂，材料多为难加工的合金。为了提高强度，减轻质量，通常将整体材料铣成蜂窝状结构，用传统的机床和工艺方法加工不能保证精度，也很难提高生产率。1948年，美国帕森斯公司在研制加工直升机叶片轮廓检查用样板的机床时，提出了数控机床的初始设想。后来受美国空军的委托，该公司与麻省理工学院合作，在1952年研制成功了世界上第一台三坐标数控铣床。其控制装置由两千多个电子管组成，大小占了一个普通实验室那么大。伺服驱动采用一台控制用的小型伺服电动机改变液压马达斜盘角度以控制液动机速度，插补装置采用脉冲乘法器。这台数控机床的诞生，标志着数控技术的开创和机械制造数字控制时代的开始。此后，随着电子技术的飞跃发展，数控技术也得到了迅速的发展，经历了以下几个发展阶段：

第1阶段，1952~1970年。这一阶段的数控系统采用由硬件电路组成的专用计算装置。这种数控系统称为传统型数控（Numerical Control，NC）。传统型数控所采用的器件虽然经过电子管、晶体管、中小规模集成电路等几次变革，但各种控制功能，如输入装置、插补运算和控制器等，都是由硬件逻辑电路来实现的，因此，控制功能比较简单，而且使用灵活性较差。在传统数控系统中，所需的元器件数量很多，致使整个系统的可靠性比较差。

第2阶段，1970~1974年。由于计算机的迅速发展，性价比不断提高，在传统数控系统中引入了小型计算机，代替了由硬件构成的专用计算装置。这种数控系统称为计算机数控系统（Computer Numerical Control，CNC）。计算机数控用软件实现了各种控制功能，不仅大大降低了需用元器件的数量，增强了可靠性，而且具有灵活、易变的优点，只要通过改写计算机的应用程序，就能方便地改变控制功能，这使数控系统具有了更大的适应性。

第3阶段，从1974年开始，随着采用超大规模集成电路的微处理器（Microprocessor）迅速发展，出现了采用微型计算机控制的数控系统（Microcomputer Numerical Control，MNC），微处理器的集成度不断提高，运算速度越来越快，功能越来越丰富。现在生产的16位、32位微处理器的性能已超过了中档小型计算机。微型计算机数控系统具有高速化、复合化、智能化等优点。今后微处理器的速度还会提高，新的软件将不断获得开发，加上多微处理器的应用，将使数控的功能有更大的提高。因此，除了有特殊要求的系统以外，小型计算机数控均可用微型计算机数控来代替。

从上述可知，CNC系统可分为小型计算机CNC系统和微型计算机CNC系统。

我国从20世纪50年代开始数控系统的研究，经过多方努力和攻关，1958年研制出了第一代数控系统产品，第一台数控系统由清华大学研制，应用在北京第一机床厂X53K-1立式铣床上。1966年研制出了第二代产品，1972年研制出了第三代产品。1975年，我国的数控系统进入了第四代。1970年，北京第一机床厂的XK5040型数控升降台铣床作为商品，开始小批量生产并推向市场。1979年10月，国际机床展览会在意大利米兰举行，展览会上首次展出了我国制造的计算机数控机床，我国的数控系统进入了第五代。20世纪80年代初，开始引进国外数控装置和伺服系统为国产主机配套。目前我国已有几十家机床厂能够生产不同类型的数控机床和加工中心。我国的数控机床及其数控系统与发达国家相比虽然有差距，但这种差距正在缩小。

2.2 数控技术的现状

（1）高速计算处理

采用32位微型计算机，应用精简指令集计算机（RISC），能进行高速处理，计算速度达到20～30MIPS（1MIPS等于100万条指令/s），相对于一般指令系统计算速度提高了5倍。高速计算能实现复杂形状的插补，满足复杂几何形状零件的加工，在模具加工中有明显的优点。高速计算还有利于数据的高速处理，能实现加工误差的补偿。

（2）具有智能化的功能

能在加工中实时进行人机会话式的编程，能自动地确定加工参数。具有故障自诊断和排除故障的指导功能。具有强大的显示功能，具有在屏幕上显示刀具轨迹的功能。

（3）高精度与高速化

近期推出的数控系统，主轴转速为50000r/min，快速进给速度为2m/s，还设有快速自动换刀和自动交换工作台等，其数控系统的设定单位为0.01μm，正在研制的数控系统的设定单位为0.001μm。

（4）采用模块化结构

通常有CPU模块、位置控制模块、系统程序模块、接口模块、文字与图形处理模块等。模块化结构有许多优点，如选择不同的模块，可组成各种数控系统，能及时引入新开发出来的各种软、硬件技术成果，促进数控系统的迅速发展。

（5）有丰富的软件功能

通常CNC系统有引导程序、基本系统程序、特殊加工软件包、快速测量软件包、工件加工程序、刀具补偿程序和系统程序等软件。有各种通用数据和专用数据，如各轴的漂移补偿、伺服系统反馈增益等各种数据。

（6）采用全数字化交流变频伺服系统

近期推出的CNC系统采用了基于矢量控制的正弦脉宽调制（SPWM）交流伺服系统，伺服系统的位置环、速度环和电流环都实现了数字化，研制成几乎不受机械负载变动影响的高性能伺服系统。

3 数控技术的发展趋势

随着计算机及电子技术的发展，数控技术也不断发展，其主要发展趋势见表27.1-3。

表27.1-3 数控技术的发展趋势

发展方向	说明
高精度化	提高数控机床的加工精度，一般可通过减少数控系统的误差和采用机床误差补偿技术来实现。在减少CNC系统控制误差方面，通常采取提高数控系统的分辨率、提高位置检测精度、在位置伺服系统中采用前馈控制与非线性控制等方法。在机床误差补偿技术方面，除采用齿隙补偿、丝杠螺距误差补偿和刀具补偿等技术外，还可对设备热变形进行误差补偿
高速化	要实现数控设备高速化，首先要求数控系统能对由微小程序段构成的加工程序进行高速处理，以计算出伺服电动机的移动量。同时要求伺服电动机能高速度地做出反应，采用32位及64位微处理器，是提高数控系统高速处理能力的有效手段。实现数控设备高速化的关键是提高切削速度和进给速度，减少辅助时间
高柔性化	采用柔性自动化设备或系统，是提高加工精度和效率，缩短生产周期，适应市场变化需求和提高竞争能力的有效手段。数控机床在提高单机柔性化的同时，朝着单元柔性化和系统柔性化方向发展，如出现了可编程序控制器控制的可调组合机床、数控多轴加工中心、换刀换箱式加工中心、数控三坐标动力单元等具有柔性的高效加工设备、柔性加工单元、柔性制造系统以及介于传统自动线与柔性制造系统之间的柔性制造线

（续）

发展方向	说 明
高自动化	高自动化是指在全部加工过程中尽量减少人的介入而自动完成规定的任务，包括物料流和信息流的自动化。自20世纪80年代中期以来，以数控机床为主体的加工自动化已经从“点”（数控单机、加工中心和数控复合加工机床）、“线”（FMC、FMS、柔性加工线、柔性自动线）向“面”（工段车间独立制造岛、自动化工厂）、“体”（CIMS、分布式网络集成制造系统）的方向发展。数控机床的自动化除了进一步提高其自动编程、上下料、加工等自动化程度外，还要在自动检索、监控、诊断等方面进一步发展
智能化	为适应制造业生产柔性化、自动化发展需要，智能化正成为数控设备研究及发展的热点，它不仅贯穿在生产加工的全过程，而且贯穿在产品的售后服务和维修中。目前采取的主要技术措施包括以下几个方面：自适应控制技术、专家系统技术、故障自诊断自修复技术、智能化交流伺服驱动技术和模式识别技术等
复合化	数控机床的发展已经模糊了粗精加工工序的概念，加工中心的出现，又把车、铣、镗等工序集中到一台机床来完成，打破了传统的工序界限和分开加工的工艺规程，最大限度地提高了设备利用率。现代数控机床采用多主轴、多面体切削方式，即同时对一个零件的不同部位进行不同方式的切削加工，如各类五面体加工中心。另外，现代数控系统的控制轴数也在不断增加，有的多达15轴，其同时联动的轴数已达6轴
高可靠性	数控系统将采用更高集成度的电路芯片，利用大规模或超大规模的专用及混合式集成电路，以减少元器件的数量，提高可靠性。通过硬件功能软件化，以适应各种控制功能的要求，同时采用硬件结构和机床本体的模块化、标准化、通用化和系列化，使得既提高生产批量，又便于组织生产和质量把关。还通过自动运行启动诊断、在线诊断、离线诊断等多种诊断程序，实现对系统内软、硬件和各种外部设备进行故障诊断与报警。利用报警提示，及时排除故障；利用容错技术，对重要部件采用“冗余”设计，以实现故障功能的自恢复；利用各种测试、监控技术，当发生超程、刀具磨损、干扰、断电等各种意外时，自动进行相应的保护
网络化	为了适应FMC、FMS以及进一步联网组成CIMS的要求，先进的CNC系统为用户提供了强大的联网能力，除带有RS232串行接口、RS422等接口外，还带有远程缓冲功能的DNC接口，可以实现几台数控机床之间的数据通信或直接对几台数控机床进行控制。为了适应自动化技术的进一步发展和工厂自动化规模越来越大的要求，满足不同厂家不同类型数控机床联网的需要，现代数控机床已经配备与工业局域网通信的功能以及制造自动化协议接口，为现代数控机床进入FMS及CIMS创造了条件，促进了系统集成化和信息综合化，使远程操作和监控、遥控及远程故障诊断成为可能
开放式体系结构	开放式体系结构可以大量采用通用微机的先进技术，如多媒体技术，实现声控自动编程及图形扫描自动编程等。新一代数控系统的硬件、软件和总线规范都是对外开放的，由于有充足的软、硬件资源可供利用，不仅使数控系统制造商和用户进行系统集成得到有力的支持，而且也为用户的二次开发带来了极大方便，促进了数控系统多档次、多品种的开发和广泛应用，既可通过升档或剪裁构成各种档次的数控系统，又可通过扩展构成不同类型数控机床的数控系统，大大缩短了开发生产周期。这种数控系统可以随着CPU升级而升级，结构上不必变动，使数控系统有更好的通用性、柔性、适应性和扩展性，并向智能化、网络化方向发展

4 以数控技术为基础的自动化加工技术

4.1 分布式数字控制系统

为了提高数控机床的生产效率，可用一台中央计算机集中监控多台数控机床，形成分布式数控（Distributed Numerical Control，简称DNC）系统。DNC原来是直接数字控制（Direct Numerical Control）的英文缩写，它表示用计算机直接控制多台机床组成的制造系统，也称群控系统。在DNC系统的实现过程中，人们认为采用多级连接控制结构比较合理，即由一台中央计算机对多台数控系统进行数控加工程序和有关数据的分配，并分时监控各台数控系统的运行，由各数控系统分别控制相应机床的运行。由于“直接数字控制”的概念不能表明这种计算机和数控机床分级连接的特点，现代的DNC一般理解为分布式数字控制。

分布式数字控制系统是将一组数控机床与存储有零件加工程序和机床控制程序的公共存储器相连接，根据加工要求向机床分配数据和指令的系统，即用一台通用计算机直接控制或管理一群数控机床进行零件加工或装配的系统。在多数DNC系统中，基本保留原来各数控机床的CNC系统，并与DNC系统的中央计算机组成计算机网络，实现分级控制管理，中央计算机并不取代各数控装置的常规工作。

DNC系统具有计算机集中处理和分时控制的能力；具有现场自动编程和对零件程序进行编辑和修改的能力，使编程与控制相结合，而且零件程序存储容量大；此外DNC系统还具有生产管理、作业调度、工况显示监控和刀具寿命管理等能力。DNC系统可以分成间接控制型和直接控制型两大类。

4.2 柔性制造单元及柔性制造系统

（1）柔性制造单元

柔性制造单元（Flexible Manufacturing Cell，简称

FMC）是由加工中心（Machining Center，简称MC）与自动交换工件（Automatic Workpiece Changer，简称AWC）、自动交换托盘（Automatic Pallet Changer，简称APC）的装置所组成，同时数控系统还增加了自动检测与工况自动监控等功能。FMC的结构型式根据不同的加工对象、CNC机床的类型与数量以及工件更换和存储方式的不同，可以有多种型式，但主要有托盘搬运式和机器人搬运式两大类型。

（2）柔性制造系统

柔性制造系统（Flexible Manufacturing System，简称FMS）是20世纪70年代末发展起来的先进的机械加工系统，它由多台数控机床或加工中心组成，并具有自动上下料装置、仓库和输送系统，可在分布式计算机的控制下实现加工自动化。它具有高度的柔性，是一种计算机直接控制的自动化可变加工系统。一个典型的FMS由计算机辅助设计、生产系统、数控机床、智能机器人、全自动化输送系统和自动仓库组成，全部生产过程由一台中央计算机进行生产的调度，若干台控制计算机进行工作控制，组成一个各种制造单元相对独立而又便于灵活调节、适应性很强的制造系统。

4.3　计算机集成制造系统

计算机集成制造系统（Computer Integrated Manufacturing System，简称CIMS）是一种先进的生产模式，它是在柔性制造技术、计算机技术、信息技术、自动化技术和现代管理科学的基础上，将企业的全部生产、经营活动所需的各种分散的自动化子系统，通过新的生产管理模式、工艺理论和计算机网络有机地集成起来，以获得适用于多品种、中小批量生产的高效益、高柔性和高质量的智能制造系统。CIMS的最基本内涵是用集成的观点组织生产经营，即用全局的、系统的观点处理企业的经营和生产。因此，CIMS可由管理信息分系统、工程设计自动化分系统、制造自动化分系统、质量保证分系统、计算机网络分系统和数据库分系统六个分系统组成。

第2章　数控系统的点位和轨迹控制原理

数控系统是通过向各坐标的伺服驱动系统发出一个个进给脉冲来控制坐标运动的，每个脉冲对应着某个坐标一定的移动量，脉冲的频率则对应着进给运动的速度。这种向各坐标发出脉冲以控制其运动的处理过程叫作脉冲分配计算。在传统数控中，脉冲分配计算一般用数字逻辑电路来实现；而在计算机数控中，则通过实时处理程序来实现。

1　点位控制

点位（Point to Point，PTP）控制的进给运动仅要求准确定位，而对于被控对象从一个工作位置移动到另一个工作位置的运动轨迹无要求。因此，点位控制一般为直线运动，控制中主要考虑的是如何以最短的时间精确定位。实际上，它是按坐标轴方向对移动长度的控制。多维空间的点位控制称为多轴控制。它可以是多个轴间互不同步的各个轴的独立移动，也可以是多个轴同步而又协调地工作，并且其他轴同步于移动量最大轴的“长轴同步”控制。点位控制方式通常有增量方式和绝对值方式两种。

增量方式是指目标点位置的坐标值以上一个工位点为原点的相对坐标值来给定。绝对值方式是指目标位置的坐标值以固定零位为原点的绝对坐标值来给定，它可以避免增量方式中的累积误差，因此定位精度较高。

2　插补原理

直线和连续轨迹控制都是使两个或两个以上坐标的运动指令信息以适当的函数关系进行分配，从而合成所需要的连续直线或曲线的目标位置移动轨迹。控制中既要考虑运动的速度，又要考虑动态的位置精度。这种适当分配多轴运动指令信息的函数算法被称为插补运算，它是数控的核心。根据不同的插补原理，目前已有多种插补运算的方法，如数字脉冲乘法器、逐点比较法、数字积分法和时间分割法，以及后来在此基础上发展的比较积分法、矢量判别法和最小偏差法等。

2.1　逐点比较法

逐点比较法也称区域判别法，又称醉步法。其基本原理是每次仅向一个坐标轴输出一个进给脉冲，而每走一步都要通过偏差函数计算，判断偏差点的瞬时坐标同规定加工轨迹之间的偏差，然后决定下一步的进给方向。每个插补循环由偏差判别、进给、偏差函数计算和终点判别四个步骤组成。逐点比较法除可进行直线、圆弧和抛物线插补以外，还可以做其他二次曲线的函数插补，四方向逐点比较法的插补误差不超过一个脉冲当量。其特点是运算直观，插补精度高，脉冲输出均匀，调节方便。

2.1.1　逐点比较法的基本原理

本部分以四方向逐点比较法为例进行说明。逐点比较法的基本原理是计算机在控制被控对象运动轨迹过程中，每进给一步就要计算一次新的坐标点与给定轨迹之间的偏差，并加以判别，以确定下一步进给的坐标方向，从而使被控对象运动轨迹小于允许偏差而逼近给定的直线或曲线轨迹。

（1）逐点比较法直线插补

1）偏差函数构造。直线插补时，通常将坐标原点设在直线起点上。对于第一象限直线 OA，如图 27.2-1 所示，其方程可表示为

$$\frac{X}{Y}-\frac{X_e}{Y_e}=0$$

改写为　$YX_e-XY_e=0$

若刀具加工点为 $m(X_m, Y_m)$，则该点的偏差函数 F_m 可表示为

$$F_m=Y_mX_e-X_mY_e \tag{27.2-1}$$

若 $F_m=0$，表示加工点位于直线上；

若 $F_m>0$，表示加工点位于直线上方；

若 $F_m<0$，表示加工点位于直线下方。

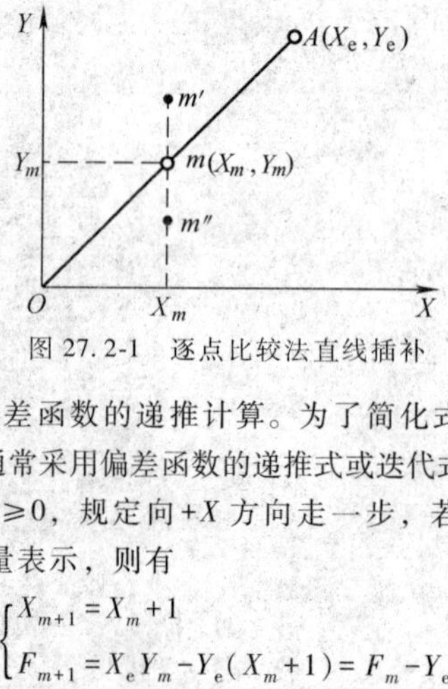

图 27.2-1　逐点比较法直线插补

2）偏差函数的递推计算。为了简化式（27.2-1）的计算，通常采用偏差函数的递推式或迭代式。

若 $F_m\geqslant0$，规定向$+X$方向走一步，若坐标单位用脉冲当量表示，则有

$$\begin{cases}X_{m+1}=X_m+1\\F_{m+1}=X_eY_m-Y_e(X_m+1)=F_m-Y_e\end{cases} \tag{27.2-2}$$

若 $F_m<0$，规定向$+Y$方向走一步，若坐标单位用

脉冲当量表示，则有

$$\begin{cases} Y_{m+1}=Y_m+1 \\ F_{m+1}=X_e(Y_m+1)-Y_eX_m=F_m+X_e \end{cases} \qquad (27.2\text{-}3)$$

因此，插补过程中用式（27.2-2）或式（27.2-3）代替式（27.2-1）进行偏差计算，可使计算大为简化。

3）终点判别。直线插补的终点判别可采用以下三种方法：

① 判断插补或进给的总步数 $N=X_e+Y_e$。

② 分别判断各坐标轴的进给步数。

③ 仅判断进给步数较多的坐标轴进给步数。

（2）逐点比较法圆弧插补

1）偏差函数构造。若加工半径为 R 的圆弧 AB，将圆心定在坐标原点上，如图 27.2-2 所示。

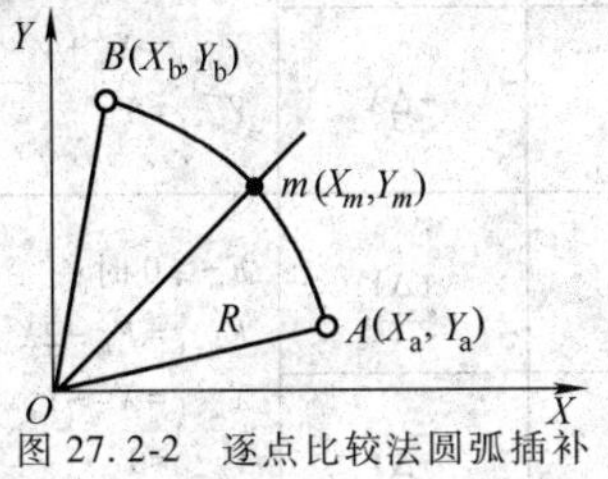

图 27.2-2　逐点比较法圆弧插补

对于任意加工点 m（X_m，Y_m），其偏差函数 F_m 可表示为

$$F_m=X_m^2+Y_m^2-R^2 \qquad (27.2\text{-}4)$$

显然，若 $F_m=0$，表示加工点位于圆上；若 $F_m>0$，表示加工点位于圆外；若 $F_m<0$，表示加工点位于圆内。

2）偏差函数的递推计算。为了简化式（27.2-4）的计算，要采用其递推式或迭代式。圆弧加工可分为顺时针方向加工或逆时针方向加工，与此相对应的有顺圆插补和逆圆插补两种方式。下面就第一象限圆弧，对其递推公式加以推导，同样规定坐标单位用脉冲当量表示。

① 逆圆插补。

若 $F_m\geqslant 0$，规定向 $-X$ 方向走一步，则有

$$\begin{cases} X_{m+1}=X_m-1 \\ F_{m+1}=(X_m-1)^2+Y_m^2-R^2=F_m-2X_m+1 \end{cases} \qquad (27.2\text{-}5)$$

若 $F_m<0$，规定向 $+Y$ 方向走一步，则有

$$\begin{cases} Y_{m+1}=Y_m+1 \\ F_{m+1}=X_m^2+(Y_m+1)^2-R^2=F_m+2Y_m+1 \end{cases} \qquad (27.2\text{-}6)$$

② 顺圆插补。

若 $F_m\geqslant 0$，规定向 $-Y$ 方向走一步，则有

$$\begin{cases} Y_{m+1}=Y_m-1 \\ F_{m+1}=X_m^2+(Y_m-1)^2-R^2=F_m-2Y_m+1 \end{cases} \qquad (27.2\text{-}7)$$

若 $F_m<0$，规定向 $+X$ 方向走一步，则有

$$\begin{cases} X_{m+1}=X_m+1 \\ F_{m+1}=(X_m+1)^2+Y_m^2-R^2=F_m+2X_m+1 \end{cases} \qquad (27.2\text{-}8)$$

3）终点判别。终点判别可采用与直线插补类似的方法。

① 判断插补或进给的总步数，$N=|X_a-X_b|+|Y_a-Y_b|$。

② 分别判断各坐标轴的进给步数，$N_x=|X_a-X_b|$，$N_y=|Y_a-Y_b|$。

（3）抛物线插补

抛物线方程为 $Y^2=kX$，偏差判别函数可以写成 $F_m=Y_m^2-kX_m$。在第一象限内，当加工点在轨线上方（或在轨线上）时，$F_m\geqslant 0$，应该向 $+X$ 方向进给一步，得到 $Y_{m+1}=Y_m-k$；若 $F_m<0$，则向 $+Y$ 方向进给一步，得到 $Y_{m+1}=Y_m+2Y_m+1$。

2.1.2　四象限域的推广

（1）四象限域的直线插补

根据直线插补的基本原理分析，第一象限内的插补偏差判别和递推算法可以很方便地推广到四象限广义域中。对于各象限中设定轨线 L1～L4 的偏差判别与算法，以及其进给方向见表 27.2-1。

（2）四象限域的圆弧插补

与上同理，按逆时针和顺时针的两种不同情况，

表 27.2-1　广义域直线插补

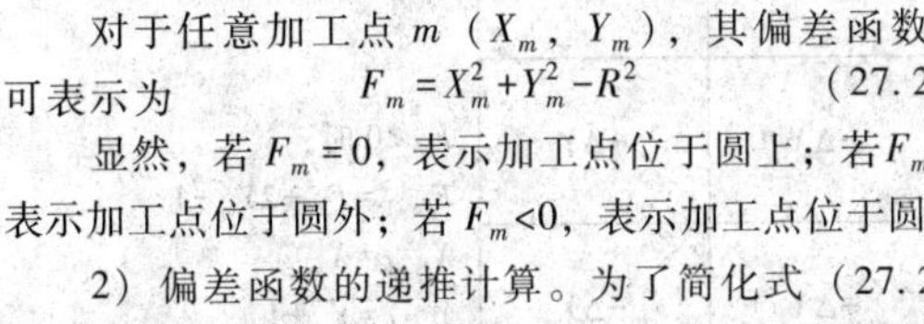

进给方向判定			偏差计算公式
线型	$F_m\geqslant 0$ 时	$F_m<0$ 时	
L1	$+\Delta X$	$+\Delta Y$	$F_m\geqslant 0$ 时： $F_{m+1}=F_m-Y_e$ $F_m<0$ 时： $F_{m+1}=F_m+X_e$
L2	$-\Delta X$	$+\Delta Y$	
L3	$-\Delta X$	$-\Delta Y$	
L4	$+\Delta X$	$-\Delta Y$	

注：在计算过程中，公式中的 X_e 和 Y_e 均用绝对值。

表 27.2-2　广义域圆弧插补

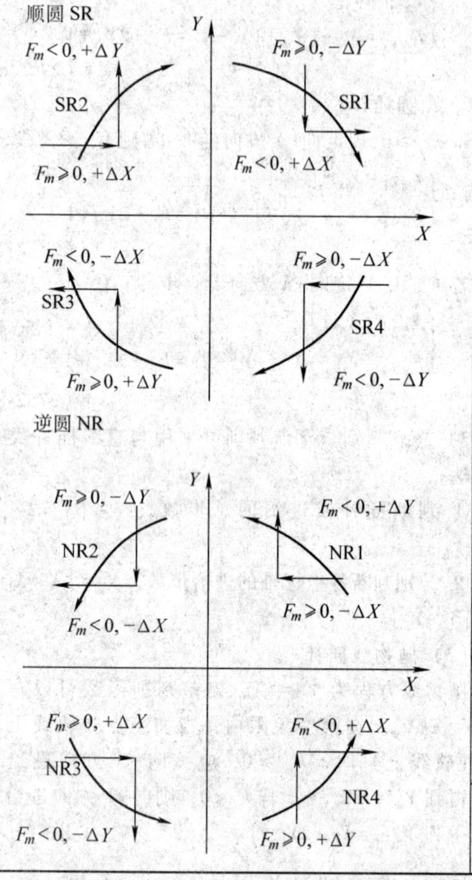

进给方向判定			偏差计算公式
线型	$F_m\geqslant 0$ 时	$F_m<0$ 时	
SR1	$-\Delta Y$	$+\Delta X$	$F_m\geqslant 0$ 时： $F_{m+1}=F_m-2Y_m+1$ $X_{m+1}=X_m$ $Y_{m+1}=Y_m-1$
SR3	$+\Delta Y$	$-\Delta X$	
NR2	$-\Delta Y$	$-\Delta X$	$F_m<0$ 时： $F_{m+1}=F_m+2X_m+1$ $X_{m+1}=X_m+1$ $Y_{m+1}=Y_m$
NR4	$+\Delta Y$	$+\Delta X$	
SR2	$+\Delta X$	$+\Delta Y$	$F_m\geqslant 0$ 时： $F_{m+1}=F_m-2X_m+1$ $X_{m+1}=X_m-1$ $Y_{m+1}=Y_m$
SR4	$-\Delta X$	$-\Delta Y$	
NR1	$-\Delta X$	$+\Delta Y$	$F_m<0$ 时： $F_{m+1}=F_m+2Y_m+1$ $X_{m+1}=X_m$ $Y_{m+1}=Y_m+1$
NR3	$+\Delta X$	$-\Delta Y$	

注：在计算过程中，公式中的 X_m、Y_m、X_{m+1} 和 Y_{m+1} 都是动点坐标的绝对值。

各象限给定轨线分别设定为 NR1～NR4 和 SR1～SR4 时，根据圆弧插补基本原理，同样可以将第一象限的偏差判别和递推算法推广到四象限广义域中，见表 27.2-2。

2.1.3　进给速度合成与分析

在连续轨迹控制中，进给速度的调节和控制有着重要意义，它直接影响到被控对象运动速度均匀性和定位精度，并且与生产率、工具和传动机构的寿命密切相关。进给速度的设定是按工艺技术条件来选择并编入程序的，通常用 F 代码以“指令进给速度”值给出。在加工过程中，由于种种因素需要随时调整时，可由操作面板上进给速度设定旋钮来调节。

设 X 轴的进给脉冲频率为 f_X（个/s）、脉冲当量为 δ（mm/脉冲），则该轴进给速度 v_X(m/s) 为

$$v_X=\delta f_X\times 10^{-3}$$

（1）合成进给速度

直线插补时的合成进给速度 v（m/s）为

$$v=\delta\sqrt{f_X^2+f_Y^2}\times 10^{-3}$$

由于逐点比较法中 X、Y 轴的进给脉冲均来自一个进给速度脉冲源，其频率为 f_g，并且 $f_g=f_X+f_Y$，脉冲源速度 $v_g=v_X+v_Y=\delta f_g\times 10^{-3}$（m/s），令合成进给速度 v 与 X 轴向速度 v_X 夹角为 α，则

$$\frac{v}{v_g}=\frac{1}{\cos\alpha+\sin\alpha}=g(\alpha) \tag{27.2-9}$$

式（27.2-9）说明刀具进给速度与插补时钟频率 f_g 和与 X 轴夹角 α 有关。若保持 f_g 不变，v 随着 α 角而改变，变化范围是 $v=(1\sim 0.707)v_g$。当加工 α 为 0°或 90°倾角的直线时刀具进给速度最大（v_g），当加工 α 为 45°倾角直线时速度最小（$0.707v_g$），如图 27.2-3 所示。

在圆弧插补中，合成进给速度的算法和直线插补完全相同，只是 α 角为圆心到加工点间连线与 X 轴的夹角。

（2）进给速度稳定性的改善

由图 27.2-3 可知，当 $\alpha=45°$时，合成进给速度

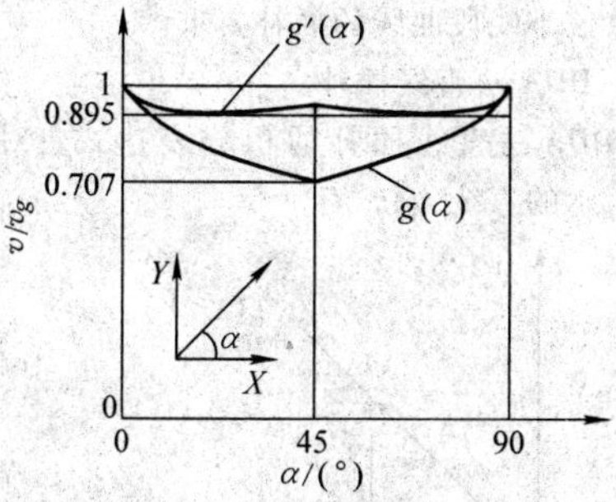

图 27.2-3　逐点比较法直线插补速度的变化

为最小（$0.707v_g$），并且在 $\alpha=0°$ 或 $\alpha=90°$ 处，v/v_g 变化率最大。为了改善合成进给速度稳定性，通常可以采用 1/2 分频方法，即选用频率为 $2f_g$ 的脉冲，经 $1/N$ 分频后作为进给脉冲源频率。当 $\alpha=0°$ 或 $\alpha=90°$ 时，取 $N=2$；而 $\alpha=45°$ 时，取 $N=1$。这样，当 $\alpha=0°$，沿 X 轴向插补时，$v_X=v_g$；当 $\alpha=90°$，沿 Y 轴向插补时，$v_Y=v_g$。并且

$$0°\leqslant\alpha\leqslant45°\text{时}:\frac{v}{v_g}=\frac{1}{\cos\alpha+\frac{1}{2}\sin\alpha} \quad (27.2\text{-}10)$$

$$45°\leqslant\alpha\leqslant90°\text{时}:\frac{v}{v_g}=\frac{1}{\frac{1}{2}\cos\alpha+\sin\alpha} \quad (27.2\text{-}11)$$

由式（27.2-10）和式（27.2-11）可得到 $v/v_g=g'(\alpha)$ 曲线，这时，合成速度变化范围为 $v=(1\sim0.895)v_g$，波动率为 1.117。

2.2　数字积分法

数字积分法又称为数字微分分析法（Digital Differential Analyzer，DDA）法。它不仅可以实现平面直线、圆弧以及高次函数曲线的插补，而且由于它的各轴插补运算的独立性，还容易实现多个坐标轴间的联动控制，特别适用于复杂的连续空间曲线加工，因此被广泛应用于数字控制系统的插补运算中。

2.2.1　求和运算代替求积分运算

从几何概念上讲，函数 $y=f(t)$ 的积分值就是该函数曲线与时间轴之间所包围的面积，如图 27.2-4 所示，其面积为

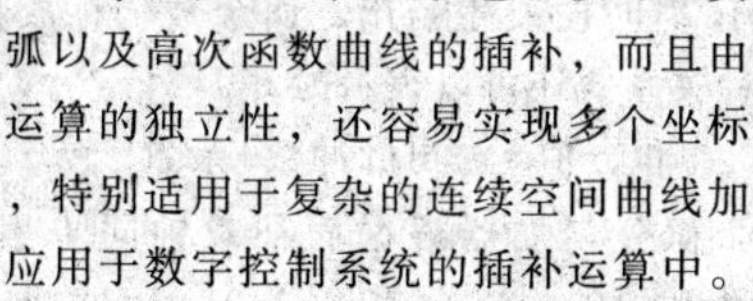

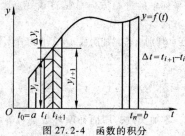

图 27.2-4　函数的积分

$$S=\int_a^b y\mathrm{d}t=\lim_{n\to\infty}\sum_{i=0}^{n-1}y(t_{i+1}-t_i)$$

若将自变量的积分区间［a，b］等分成许多有限的小区间 $\Delta t(\Delta t=t_{i+1}-t_i)$，这样求面积 S 可以转化为求有限个小区间面积之和，即累加 1 次的单位时间间隔，则有

$$S=\sum_{i=0}^{n-1}y$$

由此可见，函数的积分运算变成了变量的求和运算。当所选取的积分间隔 Δt 足够小时，则用求和运算代替求积分运算所引起的误差可以不超过允许值。

2.2.2　数字积分法的基本原理

从微积分对变量问题的分析可以知道，用曲线每一微小线段的相切线来代替小段曲线最为合理。要求刀具在每一微小曲线段上以切线方向切削，也就是说对每一小段切削时，要求刀具向 Y 方向的运动速度分量 Δv_Y 与 X 方向的运动速度分量 Δv_X 的比例关系等于该小线段的切线斜率，即等于该曲线的导数 $\mathrm{d}Y/\mathrm{d}X$。

若加工如图 27.2-5 所示的圆弧 AB，刀具在 X、Y 轴方向的速度必须满足

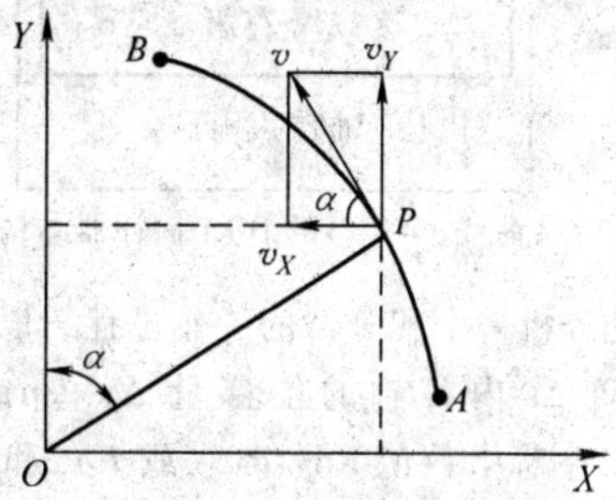

图 27.2-5　DDA 法圆弧插补

$$\begin{cases}v_X=v\cos\alpha\\v_Y=v\sin\alpha\end{cases}$$

式中　v_X、v_Y——分别为刀具在 X、Y 轴方向的进给速度；

v——刀具沿圆弧运动的切线速度；

α——圆弧上任一点处切线同 X 轴的夹角。

用积分法可以求得刀具在 X、Y 轴方向的位移，即

$$X=\int v_X\mathrm{d}t=\int v\cos\alpha\mathrm{d}t \qquad Y=\int v_Y\mathrm{d}t=\int v\sin\alpha\mathrm{d}t$$

其数字积分表达式为

$$\begin{cases}X=\sum v_X\Delta t=\sum v\cos\alpha\Delta t\\Y=\sum v_Y\Delta t=\sum v\sin\alpha\Delta t\end{cases} \quad (27.2\text{-}12)$$

式中　Δt——插补循环周期。

如果任意曲线函数为 $y=f(x)$，将函数对 x 求导

$f'(x)=\mathrm{d}y/\mathrm{d}x$，而对于每一小段曲线切削时的运动速度分量之比为：$\Delta v_{yi}/\Delta v_{xi}=\mathrm{d}y_i/\mathrm{d}x_i$。如图 27.2-6 所示为曲线 $y=f(x)$ 的 DDA 插补器结构框图。它分别由两个数字积分器组成，每个数字积分器在每小段时间 Δt 内所输出的脉冲数为 Δ_{SY}（或 Δ_{SX}），乘以脉冲当量，即为控制每一轴的位移量 Δy（或 Δx）。

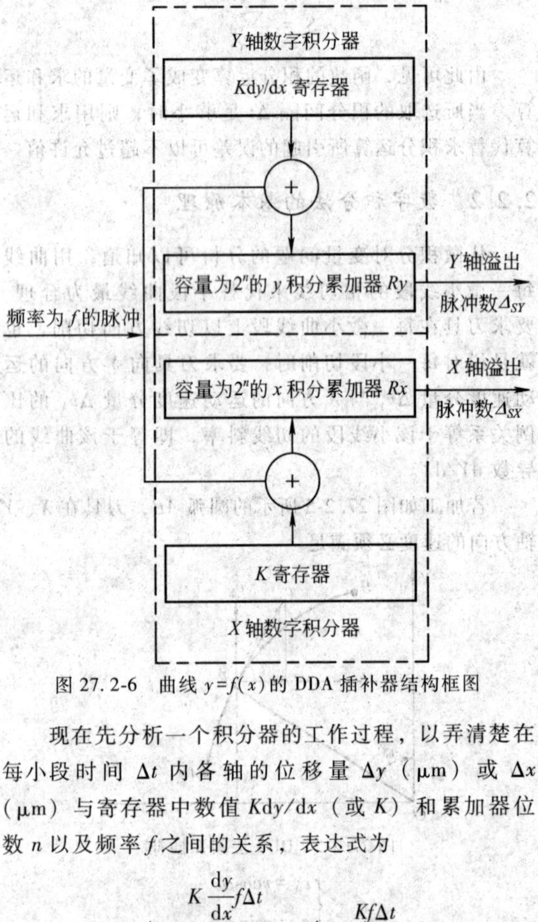

图 27.2-6　曲线 $y=f(x)$ 的 DDA 插补器结构框图

现在先分析一个积分器的工作过程，以弄清楚在每小段时间 Δt 内各轴的位移量 Δy（μm）或 Δx（μm）与寄存器中数值 $K\mathrm{d}y/\mathrm{d}x$（或 K）和累加器位数 n 以及频率 f 之间的关系，表达式为

$$\Delta y=\frac{K\dfrac{\mathrm{d}y}{\mathrm{d}x}f\Delta t}{2^n}\qquad \Delta x=\frac{Kf\Delta t}{2^n}$$

也就是说

$$Y\text{ 轴方向的速度分量为 }\Delta v_Y=\frac{\Delta y}{\Delta t}=\frac{K\dfrac{\mathrm{d}y}{\mathrm{d}x}f}{2^n}$$

$$X\text{ 轴方向的速度分量为 }\Delta v_X=\frac{\Delta x}{\Delta t}=\frac{Kf}{2^n}$$

将上面两式相除可以得到

$$\frac{\Delta v_Y}{\Delta v_X}=\frac{K\dfrac{\mathrm{d}y}{\mathrm{d}x}f}{2^n}\Bigg/\frac{Kf}{2^n}=\frac{\mathrm{d}y}{\mathrm{d}x}$$

其结果是所得到的 Y、X 轴两方向速度分量之比，恰好等于曲线在该点的导数，也就是说每小段曲线的切线斜率，即达到了用曲线每一微小段的相应切线来代替该小线段曲线的插补要求。

（1）DDA 法直线插补

1）DDA 法直线插补的积分表达式。对于如图 27.2-7 所示的直线 OA，有

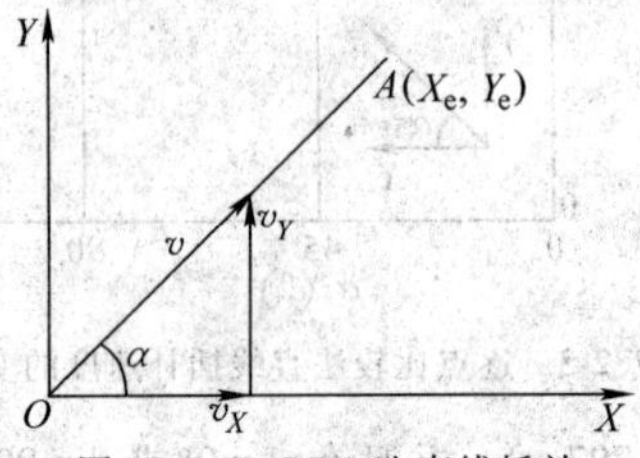

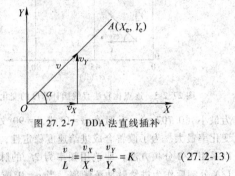

图 27.2-7　DDA 法直线插补

$$\frac{v}{L}=\frac{v_X}{X_e}=\frac{v_Y}{Y_e}=K \qquad (27.2\text{-}13)$$

式中　L——直线长度；

K——比例系数。

则 $v_X=KX_e$，$v_Y=KY_e$，代入式（27.2-12），有

$$\begin{cases} X=K\sum\limits_{i=1}^{m}X_e\Delta t \\ Y=K\sum\limits_{i=1}^{m}Y_e\Delta t \end{cases} \qquad (27.2\text{-}14)$$

令 $\Delta t=1$，$K=\dfrac{1}{2^n}$，则

$$\begin{cases} X=\sum\limits_{i=1}^{m}\dfrac{X_e}{2^n} \\ Y=\sum\limits_{i=1}^{m}\dfrac{Y_e}{2^n} \end{cases} \qquad (27.2\text{-}15)$$

式中　n——积分累加器的位数。

式（27.2-15）便是 DDA 直线插补的积分表达式。因为 n 位累加器的最大存数为 2^n-1，当累加数等于或大于 2^n 时便发生溢出，而余数仍存放在累加器中。这种关系式还可以表示为

积分值 = 溢出脉冲数 + 余数

当两个积分累加器根据插补时钟同步累加时，溢出脉冲数必然符合式（27.2-13），用这些溢出脉冲数分别控制相应坐标轴的运动，便能加工出所要求的直线。X_e、Y_e 又称为积分函数，而积分累加器又称为余数寄存器。DDA 法直线插补进给方向的判别比较简单，因为插补是从直线起点即坐标原点开始，所以坐标轴的进给方向总是直线终点坐标绝对值增加的方向。

2）终点判别。若累加次数 $m=2^n$，由式（27.2-15）可得

$$X=\frac{1}{2^n}\sum_{i=1}^{2^n}X_e=X_e,\quad Y=\frac{1}{2^n}\sum_{i=1}^{2^n}Y_e=Y_e$$

因此，累加次数，即插补循环数是否等于 2^n 可

作为 DDA 法直线插补终点判别的依据。

（2）DDA 法圆弧插补

1）DDA 法圆弧插补的积分表达式。对如图 27.2-5 所示的第一象限圆弧，圆心 O 位于坐标原点，两端点为 $A(X_A, Y_A)$、$B(X_B, Y_B)$，刀具位置为 $P(X_i, Y_i)$，若采用逆时针加工，有

$$\frac{v}{R}=\frac{v_X}{Y_i}=\frac{v_Y}{X_i}=K \qquad (27.2\text{-}16)$$

$$v_X=KY_i,\ v_Y=KX_i$$

根据式（27.2-12），令 $\Delta t=1$，$K=\frac{1}{2^n}$，n 为累加器的位数，则有

$$\begin{cases} X=\dfrac{1}{2^n}\sum\limits_{i=1}^{m}Y_i \\ Y=\dfrac{1}{2^n}\sum\limits_{i=1}^{m}X_i \end{cases}$$

显然，用 DDA 法进行圆弧插补时，是对切削点的即时坐标 X_i 与 Y_i 的数值分别进行累加，若累加器 $J_{VX}(Y_i)$ 与 $J_{VY}(X_i)$ 产生溢出，则在相应坐标方向进给一步，进给方向取决于圆弧所在象限以及顺圆或逆圆插补的情况。而相应被积函数的修正也可由此确定。

2）终点判别。DDA 法圆弧插补的终点判别不能通过插补运算的次数来判别，而必须根据进给次数来判别。由于利用两坐标方向进给的总步数进行终点判别时，会引起圆弧终点坐标出现大于一个脉冲当量但小于两个脉冲当量的偏差，偏差较大，一般采用分别判断各坐标方向进给步数的方法，即 $N_X=|X_A-X_B|$，$N_Y=|Y_A-Y_B|$。

与直线插补相比，DDA 法圆弧插补时的 X、Y 轴的被积函数寄存器中分别存放了当前工作点的坐标变量 Y 与 X，由于 Y 与 X 值是随着加工点的移动而改变的，所以它们必须用相应的 Y 与 X 坐标的累加寄存器的溢出脉冲来随时做增加 1 或减小 1 的修改。

2.2.3　四象限域工作

DDA 法直线插补，在四个象限域中，X、Y 轴的被积寄存器累加值一般取 $c|X_e|$和 $c|Y_e|$，插补运算过程也都相同，只是进给伺服电动机的走向应根据输入的终点坐标值，由不同象限域内的正、负号来决定，见表 27.2-3。

表 27.2-3　直线插补的进给方向

象限	Ⅰ	Ⅱ	Ⅲ	Ⅳ
X 轴电动机	正	反	反	正
Y 轴电动机	正	正	反	反

在 DDA 法圆弧插补中，对于顺向或逆向圆的轨迹线，其四象限域工作的插补原理是相同的，只是控制各坐标轴 Δ_{SX} 和 Δ_{SY} 的进给方向不同。被积函数修改值是增加 1 还是减小 1，应由 X、Y 轴向的增减来定，具体见表 27.2-4。

表 27.2-4　DDA 法圆弧插补的进给方向

轨迹线方向与象限		逆圆/顺圆			
		Ⅰ	Ⅱ	Ⅲ	Ⅳ
进给轴方向	Δ_{SX}	−/+	−/+	+/−	+/−
	Δ_{SY}	+/−	−/+	−/+	+/−
被积寄存器	$R(\Delta_{SX})$	+/−	−/+	+/−	−/+
	$R(\Delta_{SY})$	−/+	+/−	−/+	+/−

2.2.4　合成进给速度与改善方法

（1）合成进给速度

由 DDA 法直线插补原理分析可知，当累加寄存器容量 $N=2^n$ 时，脉冲源每发出 1 个脉冲就进行 1 次累加计算，这样 X 轴方向的平均进给速率是 $X_e/2^n$，Y 轴方向平均进给速率是 $Y_e/2^n$，故 X、Y 轴方向的脉冲频率分别为

$$f_X=\frac{X_e}{2^n}\cdot f_g$$

$$f_Y=\frac{X_Y}{2^n}\cdot f_g$$

若脉冲当量为 δ，则可求得 X 和 Y 轴方向的进给速度为

$$v_X=60f_X\delta=60\cdot\frac{X_e}{2^n}\cdot f_g\delta=\frac{X_e}{2^n}\cdot v_g$$

$$v_Y=60f_Y\delta=60\cdot\frac{Y_e}{2^n}\cdot f_g\delta=\frac{Y_e}{2^n}\cdot v_g$$

合成速度为

$$v=\sqrt{v_X^2+v_Y^2}=\frac{\sqrt{X_e^2+Y_e^2}}{2}\cdot v_g=\frac{L}{2^n}\cdot v_g$$

上式中 L 为直线长度。同理，对于圆弧插补时可以得出合成速度公式为 $v=\frac{R}{2^n}\cdot v_g$。

通过上面两个合成速度公式可以知道：当数控加工程序中 F 代码一旦给定进给速度后，v_g 基本维持不变，这样合成进给速度 v 就与插补直线的长度或圆弧半径成正比。也就是说，当 L 或 R 很小时，v 也很小，脉冲溢出速度很慢；反之，脉冲溢出速度加快。可见脉冲溢出速度随插补直线长度或圆弧半径的大小成比例变化。

（2）进给速度的均化措施

DDA 插补的特点是进给脉冲源每发一个脉冲就代表一个单位的时间增量 Δt，而且不论行程长短，任何一个轴都必须做 m 次累加，完成时间也都是相

同的，因此，行程越长的轴，其进给速度越快，反之亦然。因此，必然影响加工面质量和短行程的生产率，有必要使 Δ_{SX} 和 Δ_{SY} 的溢出速度均化。进给速度均化的常用方法是“规格化”方法。寄存器中所存的数，若其最高位为0，称为“非规格化的数”，反之为“规格化的数”。将一个非规格化的数通过向左移位操作，变成规格化数的过程叫作“规格化”。

所谓“左移规格化”，就是将被积函数寄存器中所存放的坐标数据的前零移去，使之成为规格化数，然后再进行累加，从而达到稳定进给速度的目的。由于直线插补和圆弧插补的情况有些不同，下面对此分别加以介绍。

1）直线插补的左移规格化处理。直线插补时，当被积函数寄存器中所存放数字量的最高位为1时，称之为规格化数；反之，若最高位为0，称之为非规格化数。显然，规格化数累加2次必然有1次溢出，而非规格化数必须做2次以上或更多次累加后才有1次溢出。

直线插补时的左移规格化处理方法：将被积函数寄存器 J_{vx} 和 J_{vy} 中的 x_e 和 y_e（非规格化数）同时左移（最低位移入0），并记下左移位数，直到 J_{vx} 和 J_{vy} 中任一个数成为规格化数为止。也就是说，直线插补的左移规格化处理就是使坐标值最大（指绝对值）的被积函数寄存器的最高有效位为1。另外，同时左移意味着把 X 和 Y 两个坐标轴方向的脉冲分配速度扩大同样的倍数，而两者数值之比并没有改变，故斜率也不变，保持了原有直线的特性。

对于同一零件加工段，左移规格化前后，各坐标轴分配脉冲数应该等于 x_e 和 y_e，但由于被积函数左移 i 位使其数值扩大了 2^i 倍，故为了保持溢出的总脉冲数不变，就要相应地减少累加次数，当被积函数寄存器数值左移1位时，数值就扩大1倍，这时 Kx_e 和 Ky_e 中的比例系数 K 必须修改为 $K=1/2^{n-1}$，而累加次数相应修改为 $m=2^{n-1}$，依此类推，当左移 i 位后，$K=1/2^{n-i}$，$m=2^{n-i}$，即若被积函数扩大1倍，则累加次数就减少1倍。在具体实现时，当 J_{vx} 和 J_{vy} 左移（最低位补0）的同时，终点判别计数器把“1”从最高位输入，进行右移即可。如图27.2-8所示为左移规格化及其修改终点判别计数长度的示例。

	左移前	左移1位	左移3位
J_{vx}	0 0 0 0 1 1	0 0 0 1 1 0	0 1 1 0 0 0
J_{vy}	0 0 0 1 0 1	0 0 1 0 1 0	1 0 1 0 0 0
$J_i\sum$	0 0 0 0 0 0	1 0 0 0 0 0	1 1 1 0 0 0
	非规格化	↑ “1”	↑ “1” 规格化

图27.2-8 左移规格化示例

2）圆弧插补的左移规格化处理。圆弧插补的左移规格化处理与直线插补基本相同，唯一的区别是：圆弧插补的左移规格化是使坐标值最大的被积函数寄存器的次高位为1（即保持1个前0）。也就是说，在圆弧插补中将 J_{vx} 和 J_{vy} 寄存器中次高位为“1”的数称为规格化数。这是由于在圆弧插补过程中将 J_{vx} 和 J_{vy} 寄数器中的数 x 和 y，随着加工过程的进行不断地被修改（即做加1修正），数值可能不断增加，若仍取最高位为“1”作为规格化数，则有可能在加“1”修正后就溢出。规格化提前后，就避免了动点坐标修正时造成的溢出现象。另外，由于规格化数的定义提前了1位，则要求寄存器的容量必须大于被加工圆弧半径的2倍。

圆弧插补左移规格化后，又带来一个新问题，左移 i 位，相当于坐标值扩大了 2^i 倍，即 J_{vx} 和 J_{vy} 中存放的数值分别变为 2^iy 和 2^ix。这样假设 Y 轴有溢出脉冲时，则 J_{vx} 中寄存的坐标值应被修正为

$$2^iy \rightarrow 2^i(y\pm1)=2^iy\pm2^i$$

可见，若圆弧插补前左移规格化处理过程中左移了1位，则当 J_{Ry} 溢出1个脉冲时，J_{vx} 的动点坐标修正应该是 $\pm2^i$，而不是 ±1，即相当于在 J_{vx} 的第 i 位 ±1；同理，当 J_{Rx} 有溢出脉冲时，J_{vy} 中存放的数据应做 $\pm2^i$ 修正，即在第 i 位进行 ±1 修正。

综上所述，直线插补和圆弧插补时左移规格化处理方法虽然不同，但均能提高溢出脉冲的速度，并且还能使溢出脉冲变得比较均匀。

（3）提高插补精度的措施——余数寄存器预置数

DDA法直线插补的插补误差小于1个脉冲当量，但是DDA法圆弧插补的插补误差有可能大于1个脉冲当量，这是因为由于数字积分器溢出脉冲的频率与被积函数寄存器的存数成正比，当在坐标轴附近进行插补时，一个积分器的被积函数值接近于0，而另一个积分器的被积函数值却接近最大值（圆弧半径），这样后者可能连续溢出，而前者几乎没有溢出，两个积分器的溢出脉冲速率相差很大，使插补轨迹偏离给定圆弧轨迹较远。

为了减小上述原因带来的误差，现采取两种措

施：其一是增加寄存器的位数，即相当于减小了积分区间的宽度 Δt，但这样会造成累加次数增加，降低了进给速度，并且这种改变是很有限的，不可能无限制地增加寄存器位数；其二是采用余数寄存器预置数的方法，也就是在插补之前，给余数寄存器 J_{Rx} 和 J_{Ry} 预置的初始值不是 0，而是最大容量 2^n-1，或者是小于最大容量的某一个数，如 $2^n/2$。常用的是预置最大容量值（称全加载）和预置 $2^n/2$（称半加载）两种。

所谓“半加载”，是指在进行 DDA 法插补之前，余数寄存器 J_{Rx} 和 J_{Ry} 的初值不是置 0，而是置 1000…000（即 $2^n/2$），也就是把余数寄存器 J_{Rx} 和 J_{Ry} 的最高有效位置“1”，其余各位均置“0”，这样只要再叠加 $2^n/2$，余数寄存器就可以产生第 1 个溢出脉冲，使溢出脉冲提前，这样就改变了溢出脉冲的时间分布，减小了插补误差。“半加载”可以使直线插补的误差减小到半个脉冲当量以内，圆弧插补的径向误差在 1 个脉冲当量以内。

所谓“全加载”，是指在插补运算前将余数寄存器 J_{Rx} 和 J_{Ry} 的初值置成该寄存器的最大容量值（当为 n 位）时，即置入 2^n-1，这会使得被积函数值很小的坐标积分器提早产生溢出，插补精度得到明显改善。

至此，我们已经较为详细地介绍了数字积分法直线和圆弧的插补方法。事实上，数字积分法也很容易实现其他函数的插补，如抛物线插补、双曲线插补和椭圆插补等。另外，数字积分法还可以实现多坐标联动插补，如空间直线和螺旋线等。

2.3　数据采样插补

2.3.1　概述

（1）数据采样插补的基本原理

对于闭环和半闭环控制的系统，其脉冲当量较小，小于 0.001mm，运行速度较高，加工速度高达 15m/min。若采用基本脉冲插补，计算机要执行 20 多条指令，约 40μs 的时间，而所产生的仅是一个控制脉冲，坐标轴仅移动一个脉冲当量，这样计算机根本无法执行其他任务，因此必须采用数据采样插补。

数据采样插补由粗插补和精插补两个步骤组成。在粗插补阶段（一般数据采样插补都是指粗插补），采用时间分割思想，根据编程规定的进给速度 F 和插补周期 T，将廓型曲线分割成一段段的轮廓步长 l，$l=FT$，然后计算出每个插补周期的坐标增量 ΔX 和 ΔY，进而计算出插补点（即动点）的位置坐标。在精插补阶段，要根据位置反馈采样周期的大小，对轮廓步长进一步采用基本脉冲插补（常用 DDA 法）进行直线插补。

（2）插补周期和采样周期

插补周期 T 的合理选择是数据采样插补的一个重要问题。在一个插补周期 T 内，计算机除了完成插补运算外，还要执行显示、监控和精插补等实时任务，所以插补周期 T 必须大于插补运算时间与完成其他实时任务时间之和，一般为 8~10ms。此外，插补周期 T 还会对圆弧插补的误差产生影响。

插补周期 T 应是位置反馈采样周期的整数倍，该倍数应等于对轮廓步长实时精插补时的插补点数。

（3）插补精度分析

1）直线插补时，由于坐标轴的脉冲当量很小，再加上位置检测反馈的补偿，可以认为轮廓步长 l 与被加工直线重合，不会造成轨迹误差。

2）圆弧插补时，一般将轮廓步长 l 作为弦线或割线对圆弧进行逼近，因此存在最大半径误差 e_r，如图 27.2-9 所示。

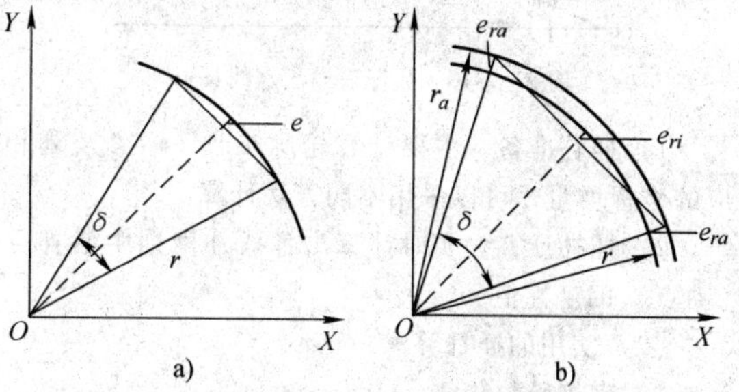

图 27.2-9　弦线、割线逼近圆弧的径向误差

采用弦线对圆弧进行逼近时，根据图 27.2-9a 可知

$$r^2-(r-e_r)^2=\left(\frac{l}{2}\right)^2$$

$$2re_r-e_r^2=\frac{l^2}{4}$$

舍去高阶无穷小 e_r^2，则

$$e_r=\frac{l^2}{8r}=\frac{(FT)^2}{8r} \qquad (27.2\text{-}17)$$

若采用理想割线，又称内外差分弦对圆弧进行逼近，因为内外差分弦使内外半径的误差 e_r 相等，如图 27.2-9b 所示，则有

$$(r+e_r)^2-(r-e_r)^2=\left(\frac{l}{2}\right)^2$$

$$4re_r=\frac{l^2}{4}$$

$$e_r=\frac{l^2}{16r}=\frac{(FT)^2}{16r} \qquad (27.2\text{-}18)$$

显然，当轮廓步长相等时，内外差分弦的半径误差是内接弦的一半；若令半径误差相等，则内外差分弦的轮廓步长 l 或角步距 δ 可以是内接弦的 $\sqrt{2}$ 倍，但

由于前者计算复杂，很少应用。

以上分析可知，圆弧插补时的半径误差 e_r 与圆弧半径 r 成反比，而与插补周期 T 和进给速度 F 的平方成正比。当 e_r 给定时，可根据圆弧半径 r 选择插补周期 T 和进给速度 F。

2.3.2 数据采样法直线插补

（1）插补计算过程

由图 27.2-10 所示的直线可以看出，在直线插补过程中，轮廓步长 l 及其对应的坐标增量 ΔX、ΔY 等是固定的，因此直线插补的计算过程可分为插补准备和插补计算两个步骤。

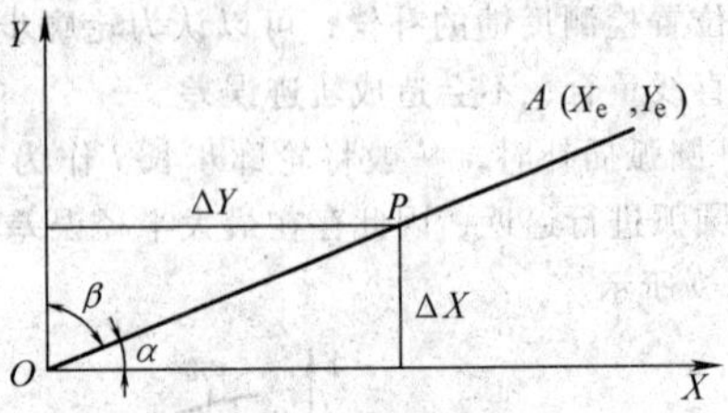

图 27.2-10 数据采样法直线插补

1）插补准备。主要计算轮廓步长 $l=FT$ 及其相应的坐标增量，可以采用不同方法计算。

2）插补计算。实时计算出各插补周期中插补点（动点）的坐标值。

（2）实用的插补算法

1）直接函数法。

插补准备：$\Delta X_i=\dfrac{l}{L}X_e$

插补计算：$\Delta Y_i=\Delta X_i\dfrac{Y_e}{X_e}$

$$X_i=X_{i-1}+\Delta X_i,\ Y_i=Y_{i-1}+\Delta Y_i$$

2）进给速率字法（扩展 DDA 法）。

插补准备：计算步长系数 $K=\dfrac{l}{L}=\dfrac{FT}{L}=T\cdot FRN$

插补计算：$\Delta X_i=KX_e$，$\Delta Y_i=KY_e$

$$X_i=X_{i-1}+\Delta X_i,\ Y_i=Y_{i-1}+\Delta Y_i$$

3）方向余弦法 1。

插补准备：$\cos\alpha=\dfrac{X_e}{L}$，$\cos\beta=\dfrac{Y_e}{L}$

插补计算：$\Delta X=l\cos\alpha$，$\Delta Y=l\cos\beta$

$$X_i=X_{i-1}+\Delta X,\ Y_i=Y_{i-1}+\Delta Y$$

4）方向余弦法 2。

插补准备：$\cos\alpha=\dfrac{X_e}{L}$，$\cos\beta=\dfrac{Y_e}{L}$

插补计算：$L_i=L_{i-1}+l$

$$X_i=L_i\cos\alpha,\ Y_i=L_i\cos\beta$$

$$\Delta X_i=X_i-X_{i-1},\ \Delta Y_i=Y_i-Y_{i-1}$$

5）一次计算法。

插补准备：$\Delta X_i=\dfrac{l}{L}X_e$，$\Delta Y_i=\dfrac{l}{L}Y_e$

插补计算：$X_i=X_{i-1}+\Delta X_i$，$Y_i=Y_{i-1}+\Delta Y_i$

2.3.3 数据采样法圆弧插补

由于圆弧是二次曲线，采用弦线或割线进行逼近，因此其插补计算要比直线插补复杂。用直线逼近圆弧的插补算法很多，而且还在发展。研究插补算法遵循的原则：一是算法简单，计算速度快；二是插补误差小，精度高。下面简要介绍日本 FANUC 公司 7 系统采用的直线函数法、美国 A-B 公司采用的扩展 DDA 法以及递归函数法。

（1）直线函数法（弦线法）

如图 27.2-11 所示，顺圆上 B 点是继 A 点之后的瞬时插补点，坐标值分别为 A（X_i，Y_i）、B（X_{i+1}，Y_{i+1}）。为了求出 B 点的坐标值，过 A 点作圆弧的切线 AP，M 点是弦线 AB 的中点，直线 AF 平行于 X 轴，而直线 ME、BF 平行于 Y 轴，δ 是轮廓步长 AB 弦对应的角步距，$OM\perp AB$，$ME\perp AF$，E 点为 AF 的中点。

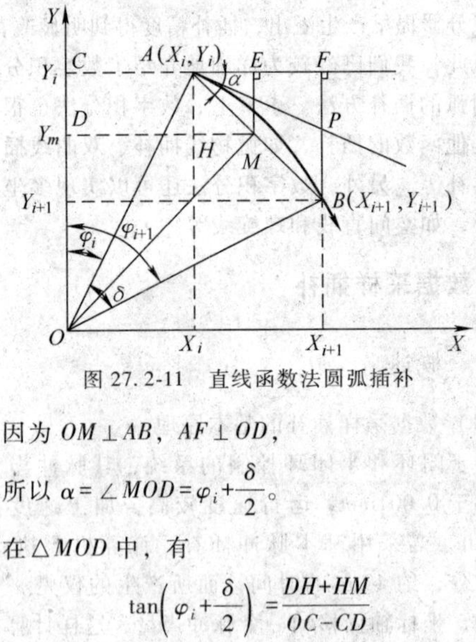

图 27.2-11 直线函数法圆弧插补

因为 $OM\perp AB$，$AF\perp OD$，

所以 $\alpha=\angle MOD=\varphi_i+\dfrac{\delta}{2}$。

在 $\triangle MOD$ 中，有

$$\tan\left(\varphi_i+\frac{\delta}{2}\right)=\frac{DH+HM}{OC-CD}$$

将 $DH=X_i$，$OC=Y_i$，$HM=\dfrac{1}{2}l\cos\alpha=\dfrac{1}{2}\Delta X$ 和 $CD=\dfrac{1}{2}l\sin\alpha=\dfrac{1}{2}\Delta X$ 代入上式，则有

$$\tan\alpha=\frac{X_i+\dfrac{1}{2}l\cos\alpha}{Y_i-\dfrac{1}{2}l\sin\alpha}=\frac{\Delta X}{\Delta Y}=\frac{X_i+\dfrac{1}{2}\Delta X}{Y_i-\dfrac{1}{2}\Delta Y}\tag{27.2-19}$$

在式（27.2-19）中，$\sin\alpha$ 和 $\cos\alpha$ 都是未知数，难以用简单方法求解，因此采用近似计算求解 $\tan\alpha$，用 cos45°和 sin45°来取代，即

$$\tan\alpha \approx \frac{X_i + \frac{\sqrt{2}}{4}l}{Y_i - \frac{\sqrt{2}}{4}l}$$

从而造成了 $\tan\alpha$ 的偏差，使角 α 变为 α'（在 0°~45°间，$\alpha'<\alpha$），使 $\cos\alpha'$变大，因而影响 ΔX 的值，使之成为 $\Delta X'$，即

$$\Delta X' = l\cos\alpha' = AF' \tag{27.2-20}$$

α 角的偏差会造成进给速度的偏差，而在 α 为 0°和 90°附近偏差较大。为使这种偏差不会使插补点离开圆弧轨迹，Y'不能采用 $l\sin\alpha'$计算，而采用式（27.2-21）来计算，即

$$\Delta Y' = \frac{\left(X_i + \frac{1}{2}\Delta X'\right)\Delta X'}{Y_i - \frac{1}{2}\Delta Y'} \tag{27.2-21}$$

则 B 点一定在圆弧上，其坐标为

$$X_{i+1} = X_i + \Delta X',\quad Y_{i+1} = Y_i - \Delta Y'$$

采用近似计算引起的偏差仅是 $\Delta X \to \Delta X'$，$\Delta Y \to \Delta Y'$，$\Delta l \to \Delta l'$。这种算法能够保证圆弧插补的每一插补点位于圆弧轨迹上，它仅造成每次插补的轮廓步长，即合成进给量 l 的微小变化，所造成的进给速度误差小于指令速度的 1%。这种变化在加工中是允许的，完全可以认为插补的速度仍然是均匀的。

（2）扩展 DDA 法数据采样插补

扩展 DDA 法是在 DDA 积分法的基础上发展起来的，它是将 DDA 法切线逼近圆弧的方法改变为割线逼近，从而提高圆弧插补的精度。

如图 27.2-12 所示，若加工半径为 R 的第一象限顺时针圆弧 AD，圆心为 O 点，设刀具处在现加工点 $A_{i-1}(X_{i-1}, Y_{i-1})$ 位置，线段 $A_{i-1}A_i$ 是沿被加工圆弧切线方向的轮廓进给步长，$A_{i-1}A_i = l$。显然，刀具进给一个步长后，点 A_i 偏离所要求的圆弧轨迹较远，径向误差较大。若通过 $A_{i-1}A_i$ 线段的中点 B，作以 OB 为半径的圆弧的切线 BC，作 $A_{i-1}H$ 平行 BC，并在 $A_{i-1}H$ 上截取直线段 $A_{i-1}A_i'$，使 $A_{i-1}A_i' = A_{i-1}A_i = l = FT$，此时可以证明 A_i'点必定在所要求圆弧 AD 之外。如果用直线段 $A_{i-1}A_i'$替代切线 $A_{i-1}A_i'$进给，则会使径向误差大大减小。这种用割线进给代替切线进给的插补算法称为扩展 DDA 算法。

下面推导在一个插补周期 T 内，轮廓步长 l 的坐标分量 ΔX_i 和 ΔY_i，因为据此可以很容易求出本次插补后新加工点 A_i'的坐标位置（X_i，Y_i）。

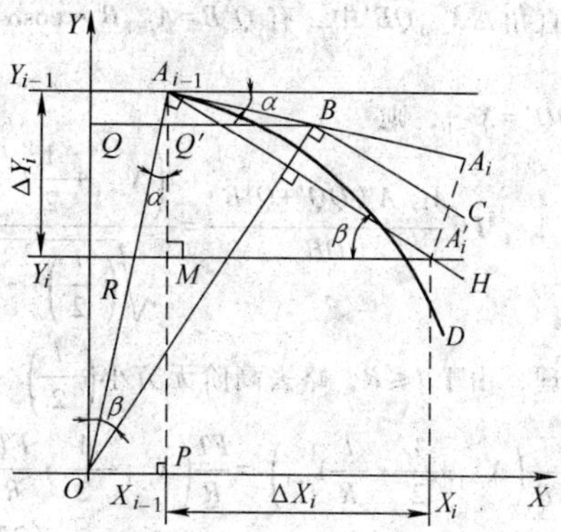

图 27.2-12　扩展 DDA 法圆弧插补算法

由图 27.2-12 可知，在直角△OPA_{i-1}中

$$\sin\alpha = \frac{OP}{OA_{i-1}} = \frac{X_{i-1}}{R}$$

$$\cos\alpha = \frac{A_{i-1}P}{OA_{i-1}} = \frac{Y_{i-1}}{R}$$

过 B 点作 X 轴的平行线 BQ 交 Y 轴于 Q 点，并交 $A_{i-1}P$ 线段于 Q'点。由图中可知，直角△OQB 与直角△$A_{i-1}MA_i'$相似，则有

$$\frac{MA_i'}{A_{i-1}A_i'} = \frac{OQ}{OB} \tag{27.2-22}$$

在图 27.2-12 中 $MA_i' = \Delta X_i$，$A_{i-1}A_i' = l$，在直角△$A_{i-1}Q'B$ 中，$A_{i-1}Q' = A_{i-1}B \cdot \sin\alpha = \frac{1}{2}l \cdot \sin\alpha$，则

$$OQ = A_{i-1}P - A_{i-1}Q' = Y_{i-1} - \frac{l}{2}\cdot\sin\alpha$$

$$OB = \sqrt{(A_{i-1}B)^2 + (OA_{i-1})^2} = \sqrt{\left(\frac{1}{2}l\right)^2 + R^2}$$

在直角△$OA_{i-1}B$ 中，将 OQ 和 OB 代入式（27.2-22）中，得

$$\frac{\Delta X_i}{l} = \frac{Y_{i-1} - \frac{1}{2}l\sin\alpha}{\sqrt{\left(\frac{l}{2}\right)^2 + R^2}}$$

上式中，因为 $l \leqslant R$，故可将 $\left(\frac{1}{2}l\right)^2$ 略去，则上式变为

$$\Delta X_i \approx \frac{l}{R}\left(Y_{i-1} - \frac{1}{2}l\frac{X_{i-1}}{R}\right) = \frac{FT}{R}\left(Y_{i-1} - \frac{1}{2}\cdot\frac{FT}{R}X_{i-1}\right) \tag{27.2-23}$$

在相似直角△OQB 与直角△$A_{i-1}MA'$中，还有

$$\frac{A_iM}{A_{i-1}A_i'} = \frac{QB}{OB} = \frac{QQ' + Q'B}{OB}$$

在直角$\triangle A_{i-1}QB'$中，有$Q'B=A_{i-1}B\cdot\cos\alpha=\frac{l}{2}\cdot\frac{Y_{i-1}}{R}$，$QQ'=X_{i-1}$，则

$$\Delta Y_i=A_{i-1}M=\frac{A_{i-1}A_i'(QQ'+Q'B)}{OB}=\frac{l\left(X_{i-1}+\frac{1}{2}l\frac{Y_{i-1}}{R}\right)}{\sqrt{\left(\frac{l}{2}\right)^2+R^2}}$$

同理，由于$l\leqslant R$，略去高阶无穷小$\left(\frac{l}{2}\right)^2$，则有

$$\Delta Y_i\approx\frac{l}{R}\left(X_{i-1}+\frac{1}{2}\cdot\frac{l}{R}Y_{i-1}\right)=\frac{FT}{R}\left(X_{i-1}+\frac{1}{2}\cdot\frac{FT}{R}Y_{i-1}\right) \tag{27.2-24}$$

若令$K=\frac{FT}{R}=T\cdot FRN$，则有

$$\begin{cases}\Delta X_i=K\left(Y_{i-1}-\frac{1}{2}KX_{i-1}\right)\\ \Delta Y_i=K\left(X_{i-1}+\frac{1}{2}KY_{i-1}\right)\end{cases} \tag{27.2-25}$$

则A_i'点的坐标为

$$\begin{cases}X_i=X_{i-1}+\Delta X_i\\ Y_i=Y_{i-1}-\Delta Y_i\end{cases} \tag{27.2-26}$$

式（27.2-25）和式（27.2-26）为第一象限顺圆插补计算公式，依照此原理，不难得出其他象限及其不同走向的扩展DDA法圆弧插补计算公式。

由上述扩展DDA法圆弧插补计算公式可知，采用该方法只需进行加法、减法及有限次的乘法运算，因而计算较方便，速度较高。此外，该法用割线逼近圆弧，其精度较弦线法高。因此，扩展DDA法是比较适合CNC系统的一种插补算法。

（3）递归函数计算法（RFB）

递归函数采样插补是通过对轨迹曲线参数方程的递归计算实现插补的。由于它是根据前一个或前两个已知插补点来计算本次插补点，故称为一阶递归插补或二阶递归插补。

1）一阶递归插补。如图27.2-13所示为要插补的圆弧，起点为P_0（X_0，Y_0），终点为P_E（X_E，Y_E），圆弧半径为R，圆心位于坐标原点，编程速度为F。设刀具现实位置为P_i（X_i，Y_i），经过一个插补周期T后到达P_{i+1}（X_{i+1}，Y_{i+1}），刀具运动轨迹为P_iP_{i+1}，每次插补所转过的圆心角为θ，称为步距角，$\theta\approx\frac{FT}{R}=K$，则有

$$\begin{cases}X_i=R\cos\varphi_i\\ Y_i=R\sin\varphi_i\end{cases}$$

插补一步后，有$\varphi_{i+1}=\varphi_i-\theta$

$$\begin{cases}X_{i+1}=X_i\cos\theta+Y_i\sin\theta\\ Y_{i+1}=Y_i\cos\theta-X_i\sin\theta\end{cases} \tag{27.2-27}$$

式（27.2-27）称为一阶递归插补公式。

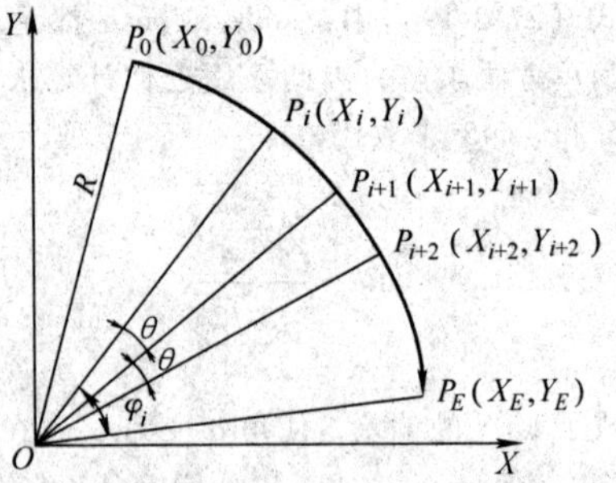

图27.2-13 函数递归法圆弧插补

将式（27.2-27）中的三角函数$\cos\theta$和$\sin\theta$用幂级数展开进行二阶近似，即

$$\cos\theta\approx1-\frac{\theta^2}{2}=1-\frac{K^2}{2}$$

$$\sin\theta\approx\theta\approx K$$

代入式（27.2-27），则有

$$\begin{cases}X_{i+1}=X_i+K\left(Y_i-\frac{1}{2}KX_i\right)\\ Y_{i+1}=Y_i-K\left(X_i+\frac{1}{2}KY_i\right)\end{cases} \tag{27.2-28}$$

这个结果与扩展DDA法插补的结果一致，因此扩展DDA法也可称为一阶递归二阶近似插补。

2）二阶递归插补。二阶递归插补算法中，需要两个已知插补点。若插补点P_{i+1}已知，则对于下一插补点P_{i+2}有$\varphi_{i+2}=\varphi_{i+1}-\theta$，则有

$$\begin{cases}X_{i+2}=X_{i+1}\cos\theta+Y_{i+1}\sin\theta\\ Y_{i+2}=Y_{i+1}\cos\theta-X_{i+1}\sin\theta\end{cases} \tag{27.2-29}$$

将式（27.2-27）代入式（27.2-29），则有

$$\begin{cases}X_{i+2}=X_i\cos^2\theta+Y_i\sin\theta\cos\theta+Y_{i+1}\sin\theta\\ Y_{i+2}=Y_i\cos^2\theta-X_i\sin\theta\cos\theta-X_{i+1}\sin\theta\end{cases} \tag{27.2-30}$$

由式（27.2-27）得

$$\begin{cases}X_i\cos\theta=X_{i+1}-Y_i\sin\theta\\ Y_i\cos\theta=Y_{i+1}+X_i\sin\theta\end{cases} \tag{27.2-31}$$

将式（27.2-31）的上、下等式分别代入式（27.2-30）的上、下等式，则得

$$\begin{cases}X_{i+2}=X_i+2Y_{i+1}\sin\theta=X_i+2Y_{i+1}K\\ Y_{i+2}=Y_i-2X_{i+1}\sin\theta=Y_i-2X_{i+1}K\end{cases} \tag{27.2-32}$$

显然这样计算更为简单。但二阶递归插补需要用其他插补法计算出第二个已知的插补点P_{i+1}，同时考虑到误差的累积影响，参与计算的已知插补点应尽量计算得精确。

3 刀具补偿原理及方法

3.1 基本概念

数控系统是通过控制刀具中心或刀架参考点实现

轮廓加工的。由于切削有效部位是刀尖或刀刃边缘，与刀具中心或刀架参考点存在偏差，因此需要通过数控系统计算偏差量并将控制对象由刀具中心或刀架参考点变换到刀尖或刀刃边缘。这种变换过程就称为刀具补偿。

采用具有刀补功能的数控系统，可大大简化数控加工程序的编写工作，刀具磨损和由更换刀具引起的相关尺寸变化只需修改刀补参数而不必重新编制程序；同一零件经历多道工序（粗加工、精加工）时，不必针对每一道工序编写数控加工程序，只需将各工序预留加工余量作为刀补参数设定即可。刀具补偿一般分为刀具长度补偿和刀具半径补偿，机床和刀具不同，其补偿形式也不相同。

如图 27.2-14 所示，对立铣刀（见图 27.2-14a）而言，主要是半径补偿；对钻头（见图 27.2-14b）而言，则主要是长度补偿；对外圆车刀（见图 27.2-14c）而言，不仅需要刀具半径补偿，还需要纵、横两个方向的长度补偿。

3.2　刀具长度补偿

刀具长度补偿是用来实现刀尖圆弧中心轨迹与刀架中心轨迹之间的转换，即如图 27.2-15 所示的 F 与 S 之间的转换，但实际上不能直接测得这两个中心点之间的距离矢量，而仅能测得理论刀尖 P 与刀架参考点 F 之间的距离。根据是否要考虑刀尖圆弧半径补偿，长度补偿可分为两种情况。首先考虑没有半径补偿时的刀具长度补偿，如图 27.2-15 所示，此种情况对应于 $R_S=0$，理论刀尖 P 相对于刀架参考点的坐标 X_{PF} 和 Z_{PF} 可由刀具长度测量装置，将 X_{PF} 和 Z_{PF} 的值存入刀具参数中。

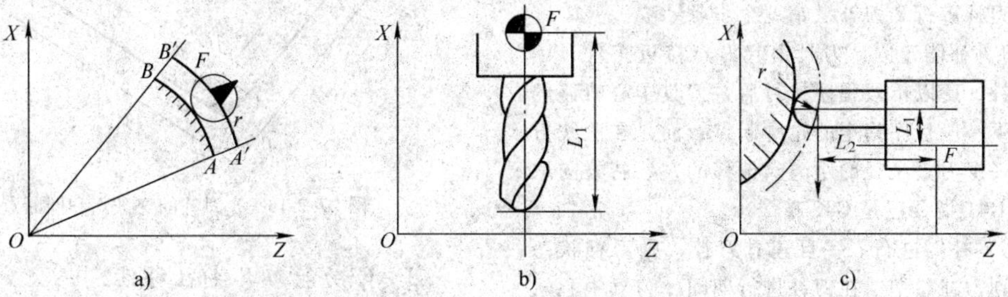

图 27.2-14　典型刀具的补偿示意图

a）立铣刀　b）钻头　c）外圆车刀

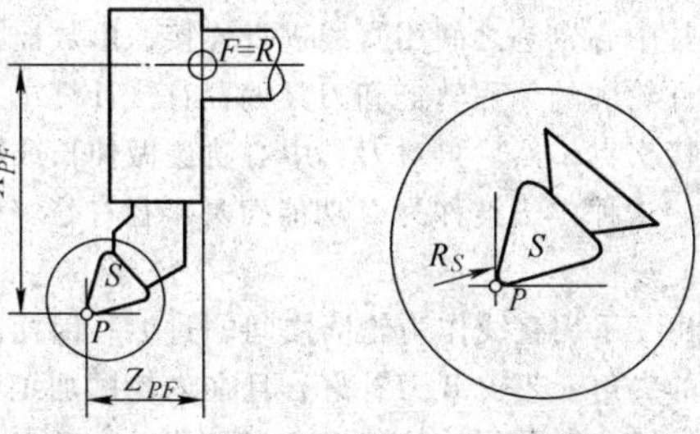

图 27.2-15　数控车床刀具结构参数示意图

X_{PF} 和 Z_{PF} 的定义如下：

$$X_{PF}=x_P-x \qquad Z_{PF}=z_P-z$$

式中　x_P、z_P——理论刀尖 P 点的坐标值；

x、z——刀架参考点 F 点的坐标值。

则刀具长度补偿的公式为

$$x=x_P-X_{PF} \qquad z=z_P-Z_{PF}$$

式中，理论刀尖 P 点的坐标（x_P，z_P）实际上即为加工零件轨迹坐标，由零件加工程序获得。此时，加工零件轮廓轨迹式经上式补偿后，即能通过控制刀架参考点 F 来实现。若图 27.2-15 中 $R_S\neq0$，则刀具长度补偿还需要考虑刀具的安装方式（由 P_1 码表示），根据刀具安装位置参数 P_1 的不同，刀具长度补偿公式如下：

$$x=\begin{cases}x_P-X_{PF} & P_1=5,\ 7\\ x_P-X_{PF}+R_S & P_1=1,\ 6,\ 2\\ x_P-X_{PF}-R_S & P_1=4,\ 8,\ 3\end{cases}$$
$$z=\begin{cases}z_P-Z_{PF} & P_1=5,\ 7\\ z_P-Z_{PF}+R_S & P_1=1,\ 6,\ 2\\ z_P-Z_{PF}-R_S & P_1=4,\ 8,\ 3\end{cases} \qquad (27.2\text{-}33)$$

要想正确地实现零件的加工，除了长度补偿外，还需要进行刀具圆弧半径补偿。

3.3　刀具半径补偿

3.3.1　刀具半径补偿概述

在轮廓加工过程中，由于刀具总有一定的半径（如铣刀半径或线切割的钼丝半径），使刀具中心的运动轨迹与工件轮廓不一致。由于直接按照工件轮廓编程比较方便，所以必须使刀具沿工件轮廓的法向偏移一个刀具半径 r。这种偏移习惯上称为刀具半径补偿，也就是要求数控系统具有半径偏移的计算功能。具有这种刀具半径补偿功能的数控系统，能够根据工件轮廓编制的加工程序和输入系统的刀具半径值进行刀具偏移计算，自动地加工出符合图样要求的工件。根据 ISO 标准，当刀具中心轨迹在程序轨迹前进方向右边时称为右刀具补偿，用 G42 表示；在左边时称为左刀具补偿，用 G41 表示；当取消刀具半径补偿时用 G40 表示。

刀具半径补偿通常不是程序编制人员完成的，他们只需按零件图样的轮廓编制加工程序，同时用指令 G41、G42 告诉 CNC 系统刀具是按零件内轮廓运动，还是按外轮廓运动即可。实际的刀具半径补偿是在 CNC 系统内部由计算机自动完成的。CNC 系统能根据零件轮廓尺寸（直线或圆弧及起点和终点），刀具运动的方向指令（G40、G41、G42），以及实际加工中所用的刀具半径自动完成刀具半径补偿计算。在实际轮廓加工过程中，刀具半径补偿的执行过程分为刀补建立、刀补进行和刀补撤销三个步骤。

1）刀具补偿建立。刀具由起刀点接近工件，因为建立刀补，所以本段程序执行后，刀具中心轨迹的终点不在下一段程序指定的轮廓起点，而是在法线方向上偏移一个刀具半径的距离。偏移的左、右方向取决于是用 G41 指令还是 G42 指令。

2）刀具补偿进行。一旦建立刀补，则刀补状态一直维持到刀补撤销。在刀补进行期间，刀具中心轨迹始终偏离程序轨迹一个刀具半径的距离。

3）刀具补偿撤销。刀具撤离工件，回到起刀点。这时应按程序的轨迹和上段程序末刀具的位置，计算出运动轨迹，使刀具回到起刀点。刀补撤销用 G40 指令。刀补仅在指定的二维坐标平面内进行。平面的指定由代码 G17（*XY* 平面）、G18（*XZ* 平面）及 G19（*ZX* 平面）表示。刀具半径值通过代码 H 来指定。

3.3.2　B 功能刀具半径补偿

B 功能刀具半径补偿（简称 B 刀补）为基本的刀具半径补偿，其特点是刀具中心轨迹的段间过渡采用圆弧进行，算法简单且容易实现。根据程序段中零件轮廓尺寸和刀具半径计算出刀具中心的运动轨迹。CNC 系统一般只能实现直线和圆弧轮廓的加工控制。对直线而言，刀补后的刀具中心轨迹仍是与原直线相平行的直线，因此，刀具补偿计算只是计算出刀具中心轨迹的起点和终点坐标值。对圆弧而言，刀补后的刀具中心轨迹仍然是与原圆弧同心的一段圆弧，因此，对圆弧的刀具半径补偿计算只需计算出刀补后圆弧起点和终点坐标值以及刀具补偿后的圆弧半径值。当加工外轮廓呈尖角时，由于刀具中心通过连接圆弧轮廓尖角处始终处于切削状态，尖角往往会被加工成小圆角。在轮廓加工时，编程人员必须事先估计出进行刀补后两个程序段之间可能出现间断点和交叉点的情况，并进行人为处理。由于段间过渡采用圆弧，B 功能刀具半径补偿不能处理尖角过渡问题。如遇到间断点时，可以在两个程序段之间增加一个半径为刀具半径 *r* 的过渡圆弧 *A′B′*，如图 27.2-16 所示。有的 CNC 系统专门为此设立了 G39 尖角过渡指令，遇到交叉点时，事先在两个程序段之间增加一个过渡圆弧 *AB*，圆弧半径必须大于所使用的刀具半径。显然，采用只具有 B 刀补功能的 CNC 系统编程很不方便。

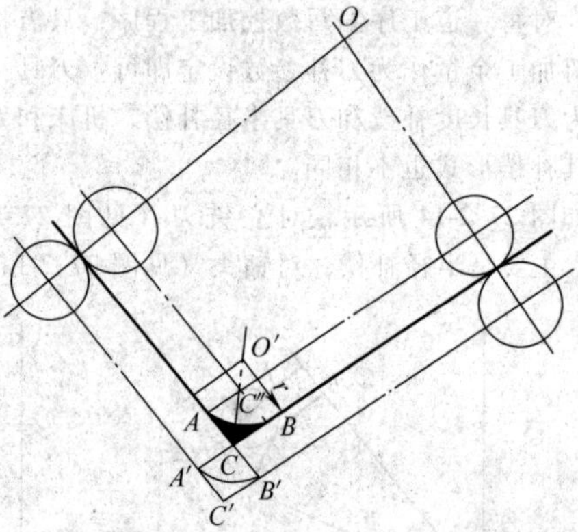

图 27.2-16　B 刀补的交叉点和间断点

3.3.3　C 功能刀具半径补偿

C 功能刀补能处理两个程序段间转接（即尖角过渡）的各种情况，这种方法的特点是相邻两段轮廓的刀具中心轨迹之间用直线进行连接，由数控系统根据工件轮廓的编程轨迹和刀具偏置直接计算出刀具中心转接交点，然后再对刀具中心轨迹做伸长或缩短的修正。这种方法被称为 C 功能刀具半径补偿（简称 C 刀补）。

由于采用直线作为轮廓之间的过渡，因此，该刀补法的尖角工艺较 B 刀补好，且在内轮廓加工时，能实现过切自动预报，从而避免过切发生。B 刀补和 C 刀补的处理方法有很大的区别：B 刀补在确定刀具中心时，采用读一段，算一段，走一段的控制方法，无法预计到由于刀具半径所造成的下一段加工轨迹对本段加工轨迹的影响；C 刀补为了避免下一段加工轨迹对本段加工轨迹的影响，在计算完本段加工轨迹后，提前将下一段程序读入，然后根据它们之间转接的具体情况，再对本段轨迹做适当修正，得到正确的本段加工轨迹。如图 27.2-17a 所示为普通 NC 系统的工作方法，程序轮廓轨迹数据送到工作寄存区 AS 后，由运算器进行刀补运算，将运算结果送到输出寄存区 OS，直接作为伺服系统的控制信号。如图 27.2-17b 所示为改进后 NC 系统的工作方法，与图 27.2-17a 相比，增加了一组数据输入缓冲寄存区 BS，在 AS 中存放正在加工的程序段信息的同时，BS 中已经存入了下一段所要加工的程序段信息，从而节省了数据读入的时间。如图 27.2-17c 所示为 CNC 系统中采用 C 刀补方法的原理框图，其与 NC 方法相比，CNC 装置内部又增设了一个刀补缓冲区 CS，当系统启动后，第一个程序段先被读入 BS，在 BS 中算出第一段刀具中心轨迹并送到 CS 暂存后，又将第二个程序段读入 BS，算出第二个程序段的刀具中心轨迹；接着对第一、第二两段程序轨迹的连接方式进行判别，估计判别结果，再对第一段刀具中心轨迹进行修正，然后顺序地将修正后的第一段刀具中心轨迹由 CS 送入 AS 中，第二段刀具中心轨迹由 BS 送入 CS 中；随后，由 CPU 将 AS 中的内容送到 OS 中进行插补运算，运算结果送到伺服系统中予以执行，当修正了的第一段刀具中心轨迹开始被执行后，利用插补时间，读入第三个程序段到 BS 中，又根据 BS、CS 中的第三、第二段轨迹的连接情况，对 CS 中的第二个程序段刀具中心轨迹进行修正，依次进行下去。可见，CNC 系统的刀补状态，其内部总是同时存有三个程序段的信息。

在 CNC 装置中，相邻两程序段刀具中心轨迹的连接方式因两个程序段的线型（直线与直线、直线与圆弧、圆弧与圆弧等）、两程序轨迹的矢量夹角 α 以及刀具补偿方向的不同而分为三种类型（转接过渡方式），即伸长型、缩短型和插入型（直线过渡型和圆弧过渡型）。如图 27.2-18 所示为相邻两程序段为直线与直线的转接，在使用左刀补 G41 的情况下，刀具中心轨迹在连接处的过渡形式。其中，如图 27.2-18a 和图 27.2-18b 所示为缩短型转接，如图 27.2-18c 和图 27.2-18e 所示为插入型转接，如图 27.2-18d 所示为伸长型转接。

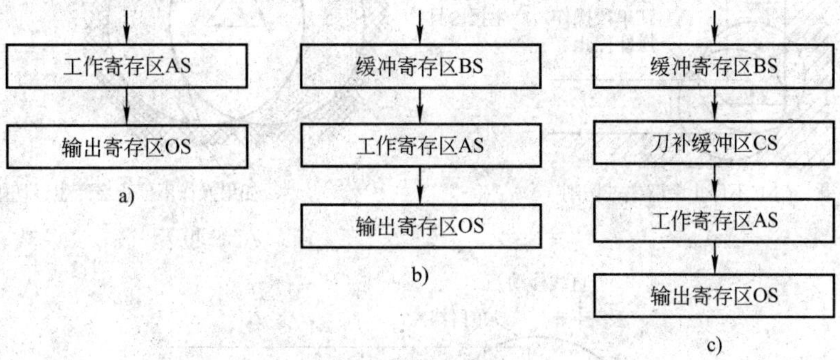

图 27.2-17　数控系统刀具补偿工作方式

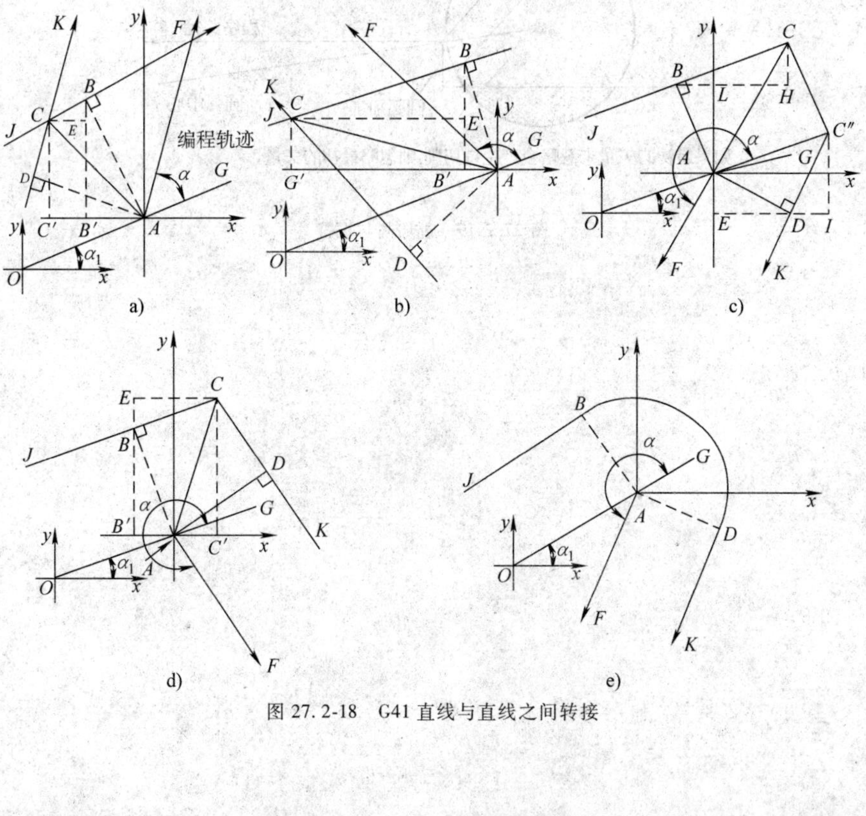

图 27.2-18　G41 直线与直线之间转接

3.3.4 刀补造成的过切削报警

在 CNC 系统中，采用上述直线过渡的刀补方法，在下列情况会因刀补而造成“过切削”，此时，系统将提前报警，并停止切削，以免工件报废。

（1）加工小于刀具半径的圆弧内侧

如图 27.2-19a 所示，在遇到这种状况时，系统在该程序段起点发出警报并停车。应该注意的是，在单程序段执行时，由于刀具在完成该程序段之后才停止，因此仍有过切削可能。

（2）加工一个小于刀具直径的槽

如图 27.2-19b 所示，由于刀补强制刀具中心轨迹反程编方向运动，会导致过切削，此时在该程序段起点报警、停车。

（3）加工一个小于刀具半径的台阶

如图 27.2-19c 所示，在加工小于刀具半径的台阶中，由圆切削指令进行加工时，通常刀具中心轨迹成反程编方向运动，也会造成过切削。

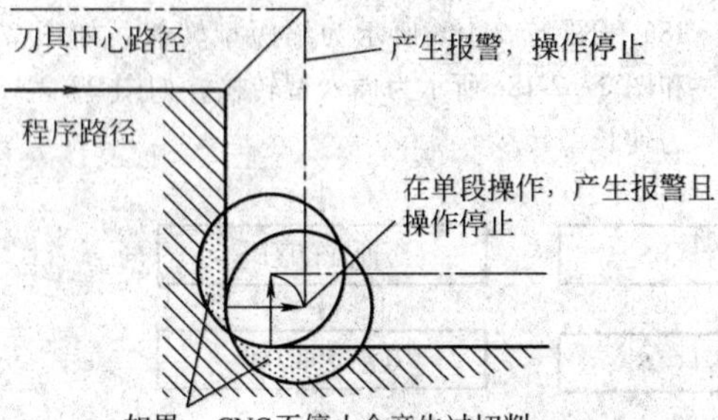

a)

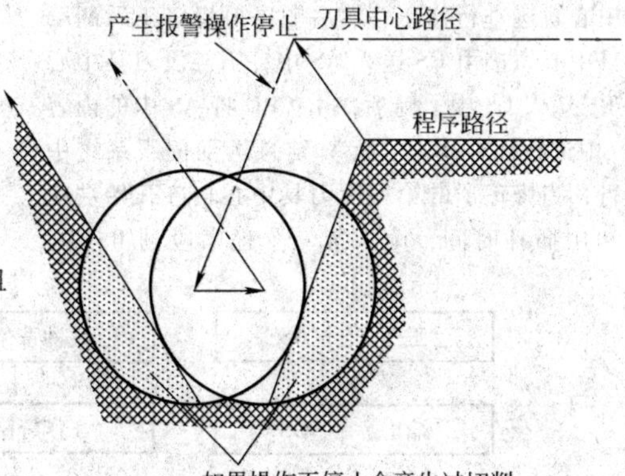

b)

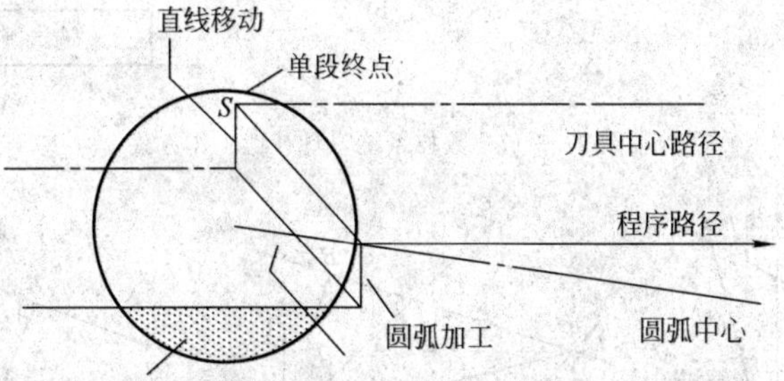

c)

图 27.2-19 过切削与报警

第3章　数控程序编制

1　程序编制的目的和方法

1.1　程序编制的目的

程序编制的目的是将零件的加工工艺、工艺参数、刀具位移量及位移方向和有关辅助操作，按指令代码及程序段格式编成加工程序单，并以代码的形式记录在信息载体上，使用时将其送入数控装置的存储器中，通过数控装置对其逐条地进行解释和执行。不同的数控装置，指令格式不尽相同，所以，程序员在编制加工程序前必须熟悉所使用的数控装置的指令格式。

1.2　程序编制的方法

目前数控编程的方法有两种，即手工编程与计算机辅助编程。

1.2.1　手工编程

手工编程是由编程人员手工完成数控编程的所有工作。手工编程适用于几何形状较为简单的图形或零件，计算工作量较少，程序又不长，这时程序员用手工方式计算出运动轨迹，确定有关参数及动作顺序，一条条地编写出数控指令，用手工制备穿孔带或用人机对话的方式直接送入数控装置。掌握手工编程是学习计算机辅助编程的基础。

1.2.2　计算机辅助编程

计算机辅助编程又称自动编程，它是由计算机完成数控加工程序编制过程中的全部或大部分工作。采用计算机辅助编程，由计算机系统完成大量的数字处理运算、逻辑判断与检测仿真，可以大大提高编程效率和质量。对于复杂型面的加工，若需要三、四、五个坐标轴联动加工，其坐标运动计算十分复杂，很难用手工编程，一般必须采用计算机辅助编程方法。

数控加工的计算机辅助编程一般有数控语言型、人机交互图形编程和数字化编程三种类型。

（1）数控语言型

数控语言型编程是采用某种高级语言，对零件几何形状及走刀线路进行定义，由计算机完成复杂的几何运算，或通过工艺数据库对刀具夹具及切削用量进行选择。这是早期计算机自动编程的主要方法，比较著名的数控编程系统有 APT（Automatically Programmed Tools）系统及其小型化版本 EXAPT 和 FAPT 等，这种方法在我国普及率较低，已逐渐被人机交互图形编程所取代。

（2）人机交互图形编程

人机交互图形编程可以直接利用计算机辅助设计系统所生成的零件图形，利用图形屏幕的光标在零件图形上选择加工部位，定义走刀路线，当输入有关工艺参数后，便自动生成数控加工程序，而且还可方便地进行图形仿真检验。具有直观、高效、能实现信息集成等优点。许多商业化的 CAD/CAM 软件均具有这种功能。

（3）数字化编程

数字化编程用测量机或扫描仪对零件图样或实物的形状和尺寸进行测量或扫描，经计算机处理后自动生成数控加工程序。这种方法十分方便，但成本较高，仅用于一些特殊场合。

此外，一些数控系统也提供了适用于该系统的专用的计算机辅助编程系统，如西门子数控系统提供的 ShopMill 辅助编程系统。沈阳机床集团开发的 i5 数控系统、马扎克数控系统也提供了计算机辅助编程软件系统的选项。

2　数控机床程序编制的有关规定

2.1　数字控制的标准和代码

为了设计、制造、使用和维修的方便，在数控代码、坐标系统、加工指令、辅助功能及程序格式等方面逐渐形成了两种国际通用标准，即 ISO 标准和 EIA 标准。我国已正式批准的数字控制标准有 GB/T 8870.1—2012（ISO 6983-1：2009）《自动化系统与集成　机床数值控制　程序格式和地址字定义　第1部分：点位、直线运动和轮廓控制系统的数据格式》等标准。由于各类机床使用的代码、指令的含义不一定完全相同，因此，编程人员还必须按照数控机床使用手册的具体规定来进行程序编制。

2.1.1　穿孔纸带及其代码

数控装置最初采用的控制介质是八单位穿孔纸带。穿孔纸带的编码，国际上采用 ISO 标准和 EIA 标准。两种代码的纸带规格均按照 EIA RS—237 标准制定，如图 27.3-1 所示。在 ISO 标准中，代码由七位二进制数及偶校验位组成。其第 8 位用来补偶，通过该位孔的有无，使每行的数目为偶数。在 EIA 标准中，每个代码由六位二进制数及奇校验位组成。第 5 位孔用来补奇，使每行孔的数目为奇数。数控机床的输入系统中有专门的奇偶校验电路。当输入代码的奇偶数不相符时，控制系统即发出奇偶校验错误信息，命令输入系统停机。

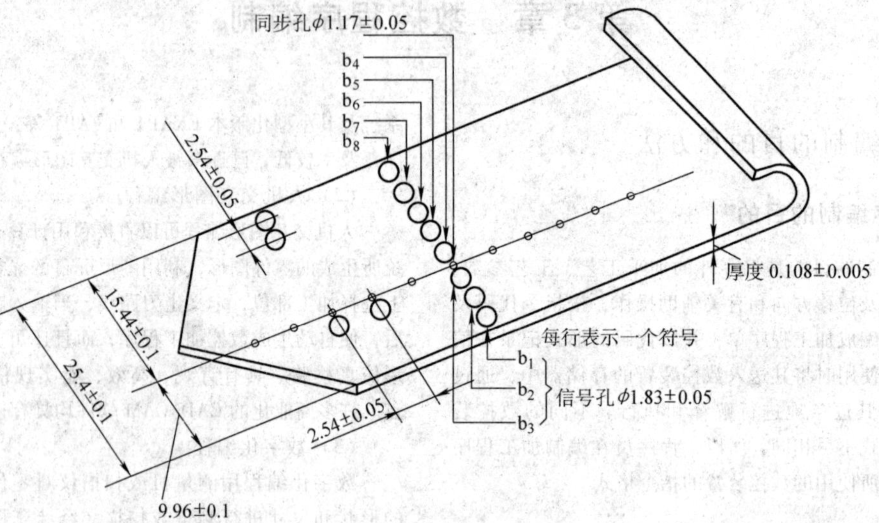

图 27.3-1　八单位标准穿孔纸带

2.1.2　数控机床的坐标轴与运动方向

为了保证数控机床的运行、操作及程序编制的一致性，对数控机床制定了 GB/T 19660—2005（ISO 841：2001）《工业自动化系统与集成　机床数值控制　坐标系和运动命名》标准，该标准符合 ISO 标准的规定，应共同遵守。

机床坐标系是机床上固有的坐标系，每一个直线运动和圆周运动都要定义一个坐标轴，并设有固定的坐标原点。标准的坐标系采用右手笛卡儿坐标系。基本坐标轴为 X、Y、Z 直角坐标，对应每个坐标轴的旋转坐标符号为 A、B、C。对于工件运动坐标轴则用加"′"的字母表示，根据相对运动关系其方向恰好与相应刀具运动坐标轴的方向相反，如图 27.3-2 所示。

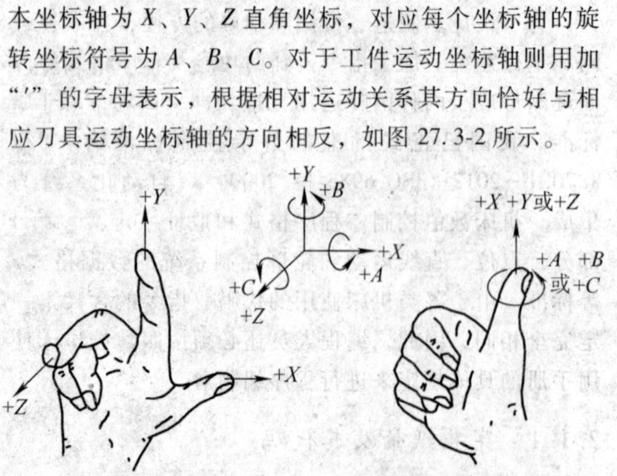

图 27.3-2　右手直角笛卡儿坐标系

Z 轴为平行于机床主轴的坐标轴，如果机床有一系列主轴，则尽可能选择垂直于工件装卡面的主要轴为 Z 轴，刀具远离工件的方向定义为 Z 轴的正方向。X 轴一般是水平的，平行于工件的主装卡面，若 Z 轴是水平方向，从主轴向工件看，X 轴正向指向右侧；若 Z 轴是垂直的，从主轴上看立柱，X 轴正向指向右侧。Y 轴的运动方向根据 X 和 Z 轴按右手法则确定。旋转坐标轴 A、B 和 C 相应的在 X、Y、Z 坐标轴的正方向上，按照右手螺旋前进的方向来确定。如果机床在基本坐标系 X、Y、Z 之外，还有轴线与 X、Y、Z 相平行的坐标轴，则附加坐标轴可首先分别用 U、V、W 表示，其次用 P、Q、R 表示。附加旋转坐标轴用 D、E 表示，与直线坐标轴的关系不做统一规定。

2.1.3　数控机床的坐标系统

（1）机床坐标系

在确定了机床各坐标轴及方向后，需进一步确定坐标系原点的位置。机床坐标系原点是机床上的一个固定点，通过机床参考点间接确定，机床制造厂在机床装配时要使用行程开关等精确确定机床参考点的坐标尺寸。系统运行开始，一般要自动或手动进行返回参考点运行，以便建立机床的坐标系。

（2）工件坐标系

在编制数控加工程序时，一般由编程人员选择工件上某一点作为编程坐标原点。该坐标系称为工件坐标系，也称为编程坐标系。工件坐标系的原点应尽可能选择在零件的设计基准或工艺基准上，并应考虑编程的方便性。

（3）绝对坐标系与增量坐标系

刀具（或机床）运动位置的坐标值是相对于固定的坐标原点给出的，称为绝对坐标值。该坐标系称为绝对坐标系。绝对坐标系通常用 X、Y、Z 表示，如图 27.3-3a 所示，A 点、B 点的坐标值为 $X_A=10$，$Y_A=11$，$X_B=30$，$Y_B=36$。

刀具（或机床）运动位置的坐标值相对于前一位置，而不是相对于固定的坐标原点给出的，称为增量（或相对）坐标值。该坐标系称为增量（或相对）坐标系。增量坐标系通常用 U、V、W 表示，U、V、W 分别与 X、Y、Z 平行，且同向。如图 27.3-3b 所示，B 点的坐标是相对于前面 A 点给出的，其增量坐标为 $U_B=20$，$V_B=25$。

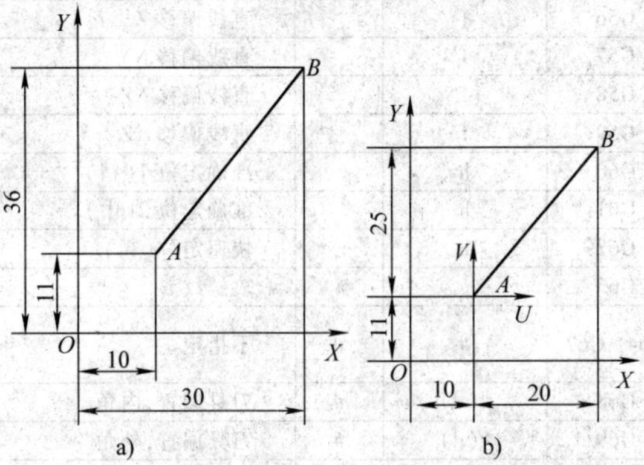

图 27.3-3　绝对坐标系与增量坐标系

a）绝对坐标系　b）增量坐标系

2.1.4　程序段格式

零件的加工程序由程序段组成，程序段是控制机床的一种语句。程序段是指为了完成某一动作要求所需的功能“字”的组合。程序段格式是指程序段中的字、字符、数据的书写规则。程序段格式不符合规则，数控系统不予接受，并会立刻报警。

（1）固定顺序程序段格式

以固定顺序程序段格式编制的程序，各字均无地址码，字的顺序即为地址的顺序，各字的顺序及字符行数是固定的（不管某一字的需要与否），即使与上一段相比某些字没有改变，也要重写而不能略去。一个字的有效位数较少时，要在前面用“0”补足规定的位数。所以各程序段所占穿孔带的长度统一。这种格式的控制系统简单，但编程不直观，穿孔带较长，应用较少。

（2）分隔符固定顺序格式

分隔符固定顺序格式的特点是用分隔符号将字分开，每个字的顺序及代表的功能是固定不变的。由于有分隔符号，不需要的字或与上程序段相同的字可以省略，但必须保留相应的分隔符号（即各程序段的分隔符号数目相等）。此种格式常用于功能不多的数控装置，如线切割机床和某些数控铣床等。我国数控线切割机床采用的“3B”或“4B”格式指令，即典型的带分隔符号的固定顺序格式。

（3）字地址程序段格式

字地址程序段格式的特点是每个程序段由若干个字组成，每个字之前都标有地址码用以识别地址，即如前述的由字母和数据组成的各种功能字，因此对不需要的字或与上一程序段相同的字都可省略。一个程序段内的各字也可以不按顺序排列。

字母代表字的地址，其一般格式为：

程序段序号字　字……字　程序段结束符号

例： N3 G90　G00　X-5.5　Y-6.0。

目前，国内外广泛采用字地址程序段格式。

2.2　常用的程序编制指令

在数控编程中，使用 G 指令、M 指令及 F、S、T 指令代码，描述数控机床的运动方式，加工种类，主轴的起、停，冷却液开、关等辅助功能，以及规定进给速度、主轴转速、选择刀具等。

2.2.1　准备功能指令

准备功能指令由字母“G”和其后面的两位数组成（见表 27.3-1），从 G00 至 G99，共 100 种。该指令的作用主要是指定数控机床的运动方式，为数控机床的插补运算做好准备，所以在程序段中，G 指令一般位于坐标字指令的前面。

2.2.2　辅助功能指令

辅助功能指令也称为“M”指令，由字母“M”和其后面的两位数字组成，从 M00 至 M99，共 100 种，见表 27.3-2。这类指令主要用于机床加工操作时的工艺性指令。

表 27.3-1　准备功能 G 代码表

代码 （1）	功能保持到被取消或被同样字母表示的程序指令取代 （2）	功能仅在出现段内有效 （3）	功能 （4）	代码 （1）	功能保持到被取消或被同样字母表示的程序指令取代 （2）	功能仅在出现段内有效 （3）	功能 （4）
G00	a		点定位	G05	#	#	不指定
G01	a		直线插补	G06	a		抛物线插补
G02	a		顺时针圆弧插补	G07	#	#	不指定
G03	a		逆时针圆弧插补	G08		*	加速
G04		*	暂停	G09		*	减速

（续）

代码（1）	功能保持到被取消或被同样字母表示的程序指令取代（2）	功能仅在出现段内有效（3）	功能（4）	代码（1）	功能保持到被取消或被同样字母表示的程序指令取代（2）	功能仅在出现段内有效（3）	功能（4）
G10~G16	#	#	不指定	G55	f		直线偏移 Y
G17	c		XY 平面选择	G56	f		直线偏移 Z
G18	c		XZ 平面选择	G57	f		直线偏移 XY
G19	c		YZ 平面选择	G58	f		直线偏移 XZ
G20~G32	#	#	不指定	G59	f		直线偏移 YZ
G33	a		螺纹切削，等螺距	G60	h		准确定位1（精）
G34	a		螺纹切削，增螺距	G61	h		准确定位2（中）
G35	a		螺纹切削，减螺距	G62	h		快速定位（粗）
G36~G39	#	#	永不指定	G63		*	攻螺纹
G40	d		刀具补偿、刀具偏置注销	G64~G67	#	#	不指定
G41	d		刀具补偿（左）	G68	#(d)	#	刀具偏置，内角
G42	d		刀具补偿（右）	G69	#(d)	#	刀具偏置，外角
G43	#(d)	#	刀具补偿（正）	G70~G79	#	#	不指定
G44	#(d)	#	刀具偏置（负）	G80	e		固定循环注销
G45	#(d)	#	刀具偏置+/+	G81~G89	e		固定循环
G46	#(d)	#	刀具偏置+/-	G90	j		绝对尺寸
G47	#(d)	#	刀具偏置-/-	G91	j		增量尺寸
G48	#(d)	#	刀具偏置-/+	G92		*	预置寄存
G49	#(d)	#	刀具偏置 0/+	G93	k		时间倒数进给率
G50	#(d)	#	刀具偏置 0/-	G94	k		每分钟进给
G51	#(d)	#	刀具偏置+/0	G95	k		主轴每转进给
G52	#(d)	#	刀具偏置-/0	G96	i		恒线速度
G53	f		直线偏移，注销	G97	i		每分钟转数（主轴）
G54	f		直线偏移 X	G98~G99	#	#	不指定

注：1. #号表示：如选作特殊用途，必须在程序格式说明中说明。
2. 如在直线切削控制中没有补偿，则 G43~G52 可指定作其他用途。
3. 括号中的字母（d）表示：可以被同栏中没有括号的字母 d 所注销，亦可被有括号的字母（d）所注销或代替。
4. G45~G52 的功能可用于机床上任意两预定的坐标。
5. 控制机上没有 G53~G59、G63 功能时，可以指定作其他用途。
6. *号表示功能仅在所出现的程序段内有效。

表 27.3-2 辅助功能 M 代码表

代码	功能开始：与程序段指令同时开始	功能开始：在程序段指令后开始	功能保持到被注销或被取代	功能仅在所出现的程序段内有效	功能
M00		*		*	程序停止
M01		*		*	计划停止
M02		*		*	程序结束
M03	*		*		主轴顺时针方向
M04	*		*		主轴逆时针方向
M05		*	*		主轴停止
M06	#	#		*	换刀
M07	*		*		2号切削液开
M08	*		*		1号切削液开
M09		*	*		切削液关
M10	#	#	*		夹紧

（续）

代码	功能开始		功能保持到被注销或被取代	功能仅在所出现的程序段内有效	功　能
	与程序段指令同时开始	在程序段指令后开始			
M11	#	#	*		松开
M12	#	#	#	#	不指定
M13	*		*		主轴顺时针方向，切削液开
M14	*		*		主轴逆时针方向，切削液开
M15	*			*	正运动
M16	*			*	负运动
M17~M18	#	#	#	#	不指定
M19		*	*		主轴定向停止
M20~M29	#	#	#	#	永不指定
M30		*		*	纸带结束
M31	#	#		*	互锁旁路
M32~M35	#	#	#	#	不指定
M36	*		*		进给范围 1
M37	*		*		进给范围 2
M38	*		*		主轴速度范围 1
M39	*		*		主轴速度范围 2
M40~M45	#	#	#	#	如有需要作为齿轮换档，此外不指定
M46~M47	#	#	#	#	不指定
M48		*	*		注销 M49
M49	*		*		进给率修正旁路
M50	*		*		3 号切削液开
M51	*		*		4 号切削液开
M52~M54	#	#	#	#	不指定
M55	*		*		刀具直线位移，位置 1
M56	*		*		刀具直线位移，位置 2
M57~M59	#	#	#	#	不指定
M60		*		*	更换工作
M61	*		*		工件直线位移，位置 1
M62	*		*		工件直线位移，位置 2
M63~M70	#	#	#	#	不指定
M71	*		*		工件角度位移，位置 1
M72	*		*		工件角度位移，位置 2
M73~M89	#	#	#	#	不指定
M90~M99	#	#	#	#	永不指定

注：1. #号表示：如选作特殊用途，必须在程序格式说明中说明。
2. M90~M99 可指定为特殊用途。

3　程序编制的步骤和实例

3.1　程序编制的步骤

一般来说，程序编制过程主要包括分析零件图样、工艺处理、数学处理、编写程序单、制作控制介质及程序检验，如图 27.3-4 所示。在编制程序前，编程人员应了解所用数控机床的规格、性能，其数控系统所具备的功能及编程指令格式等，然后开始编程，具体步骤如下。

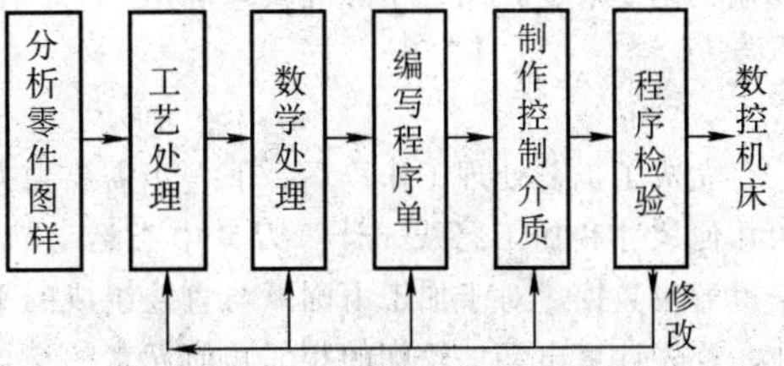

图 27.3-4　数控机床程序编制过程

3.1.1　对零件图样的分析和工艺处理

此步内容包括对零件图样进行分析，以明确加工的内容及要求，确定加工方案，选择合适的数控机床，设计夹具，选择刀具，确定合理的走刀路线及切削用量等。工艺处理涉及问题很多，编程人员要注意如下几点。

（1）确定加工方案

确定加工方案时应考虑使用机床的合理性与经济性，要充分发挥机床的功能。

（2）工件夹具的设计和选择

设计和选择工件夹具时，应特别注意迅速完成工件的定位和夹紧过程，以减少辅助时间。夹具还应便于安装，便于协调工件和机床坐标系的尺寸关系。

（3）正确地选择对刀点

“对刀点”是刀具相对于工件运动的起点，也是程序执行的起点，故也称为“程序原点”。选择对刀点的原则如下：

1）所选的对刀点应使程序编制简单。

2）对刀点应该选择在便于找正并在加工过程中便于检查的位置。

3）所选对刀点引起的加工误差小。

对刀点可以设置在加工零件上，也可以设置在夹具上或机床上。因为其常常又是程序的终点，因此还要考虑一次加工循环后对刀的重复精度。

（4）选择合理的走刀路线

走刀路线的选择应从以下几个方面考虑：

1）尽量缩短走刀路线，减少空走刀行程，以提高生产率。

2）保证加工零件的精度和表面粗糙度要求。

3）有利于简化数值计算，减少程序段的数目。

（5）合理选择刀具

应根据工件材料的性能、机床的加工能力、加工工序的类型、切削用量，以及其他有关因素来正确选择刀具。

（6）确定合理的切削用量

正确确定切削深度和宽度、主轴转速、进给速度及是否要使用冷却液等。具体数值应根据数控机床使用说明书的规定、被加工工件材料类型、加工工序以及其他工艺要求，并结合实际经验来确定。

3.1.2 数学处理

在完成了工艺处理工作以后，下一步需要根据零件的几何尺寸和加工路线，计算刀具中心运动轨迹，以获得刀位数据。对于加工由圆弧与直线组成的平面零件，首先计算出零件轮廓的相邻几何元素的交点或切点的坐标值，得出各几何元素的起点、终点、圆弧圆心的坐标值。如果数控系统中无刀具补偿功能，还应计算出刀具运动的中心轨迹。对于较复杂的零件或零件的几何形状与控制系统的插补功能不一致时，就需要进行较复杂的数值计算。

3.1.3 零件（加工）程序单的编写、控制介质的制作及程序的检验

使用较早的数控系统编程时，在完成工艺处理及数值计算后，编程人员即可按照数控系统的程序指令及规定格式，逐段编写零件程序单。编写好程序后，将程序单上的程序按ISO代码或EIA代码穿孔制成数控纸带。穿好孔的纸带先利用穿、复、校功能，检查穿孔是否有误，再经光电读带机输入数控系统，进行空走刀检验。对于平面零件，可用笔代替刀具，在坐标纸上画图，通过检查机床动作和运动轨迹的正确性检验程序。在具有图形显示功能的机床上，可通过显示走刀轨迹或模拟刀具对工件的切削过程，对程序进行检查。对于复杂零件，需采用铝件、塑料或石蜡等易切材料进行试切。通过检查试件，不仅可确认程序是否正确，还可了解加工精度是否符合要求。

目前多数是直接按数控系统要求输入加工程序文件。

3.2 数控车床的程序编制

3.2.1 数控车床的编程特点

（1）在一个程序段中，根据图样中标注的尺寸，可以采用绝对值、增量值或两者混合的方式进行编程。

（2）由于图样尺寸和测量的都是直径值，故直径方向用绝对值编程时，X以直径值表示，用增量值编程时，以径向实际位移量的两倍值编程。

（3）为提高径向尺寸精度，X向的脉冲当量取Z向的一半。

（4）由于毛坯常用棒料或锻料，加工余量较大，所以数控装置常具备不同形式的固定循环功能，可进行循环切削。

（5）为了提高刀具寿命和加工表面的光洁程度，车刀刀尖常磨成半径不大的圆弧。为此，当编制圆头刀程序时，需对刀具半径进行补偿。

3.2.2 数控车床编程实例一

车削如图27.3-5所示的标准试件。该零件需要精加工，选用具有直线和圆弧插补功能的数控车床，图中ϕ85mm的外圆面不加工。

（1）分析零件图样，确定加工工艺及工艺路线

按先主后次、先粗后精的加工原则，确定加工路线为：①先倒角→切削螺纹的实际外圆ϕ47.8mm（ϕ47.8mm是M48×1.5螺纹的实际外径）→切削锥度部分→车削ϕ62mm外圆→倒角→车削ϕ80mm外圆→

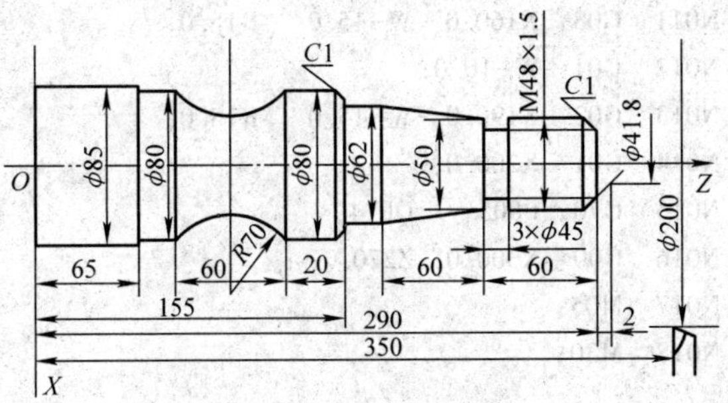

图 27.3-5　车削标准试件图

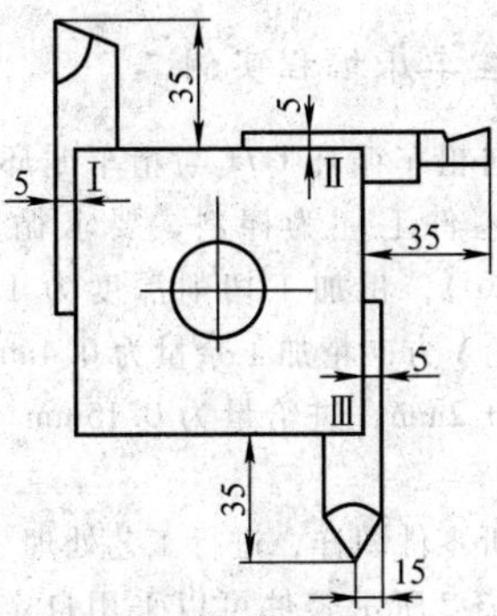

图 27.3-6　刀具布置图

切削 $R70$mm 圆弧部分→车削 $\phi80$mm 外圆；②切退刀槽；③车螺纹。

（2）选择刀具

根据加工要求，选用三把刀具：Ⅰ号刀车外圆，Ⅱ号刀切退刀槽，Ⅲ号刀车螺纹。刀具布置如图 27.3-6 所示。采用对刀仪对刀，螺纹车刀刀尖相对于Ⅰ号刀尖在 Z 向偏置 10mm，用刀具位置补偿来解决。刀补号用 T 指令后的第二位数字表示，如 T22 表示 2 号刀，2 号刀补，T10 表示 1 号刀，刀补值为 0。编程时应正确选择换刀点，以方便换刀，以不与工件、机床及夹具碰撞为原则。

（3）确定切削用量

车外圆时，主轴转速确定为 S31＝630r/min，进给速度选择为 F15；切退刀槽时，主轴转速为 S23＝315r/min，进给速度选择为 F10；车螺纹时，主轴转速定为 S22＝220r/min，进给速度选为 F330mm/min，即每转走一个螺距。此处 S 功能和 F 功能由两位代码表示某种主轴转速和进给速度，这种表示法已不再使用。

（4）编写程序单

确定工件坐标系 XOZ，O 为原点，并将换刀点作为对刀点，即程序起点。该零件的加工程序单如下：

```
N001  G92  X200.0  Z350.0;                          LF 坐标设定
N002  G00  X41.8   Z292.0  S31  M03  T11  M08;      LF 换上Ⅰ号刀运行
N003  G01  X47.8   Z289.0  F15;                     LF 倒角
N004       U0      W-59.0;                          LFϕ47.8
N005       X50.0   W0;                              LF 退刀
N006       X62.0   W-60.0;                          LF 锥度
N007       U0      Z155.0;                          LFϕ62
N008       X78.0   W0;                              LF 退刀
N009       X80.0   W-1.0;                           LF 倒角
N010       U0      W-19.0;                          LFϕ80
N011  G02  U0      W-60.0  I63.25  K-30.0;          LF 圆弧
N012  G01  U0      Z65.0;                           LFϕ80
N013       X90.0   W0;                              LF 退刀
N014  G00  X200.0  Z350.0  M05  T10  M09;           LF 退刀，取消Ⅰ号刀补
N015       X51.0   Z230.0  S23  M03  T22  M08;      LF 换上Ⅱ号刀运行
N016  G01  X45.0   W0  F10;                         LF 切槽
N017  G04  U0.5;                                    LF 延迟
N018  G00  X51.0   W0;                              LF 退刀
N019       X200.0  Z350.0  M05  T20  M09;           LF 退刀，取消Ⅱ号刀补
N020       X52.0   Z296.0  S22  M03  T33  M08;      LF 车螺纹起始位置，换上Ⅲ号刀运行
N021  G78  X47.2   Z231.5  F330.0;                  LF 直螺纹循环
N022       X46.6   W-64.5;                          LF 直螺纹循环
N023       X46.1   W-64.5;                          LF 直螺纹循环
N024       X45.8   W-64.5;                          LF 直螺纹循环
N025  G00  X200.0  Z350.0  T30  M02;                LF 退至起点，取消Ⅲ号刀补
```

3.2.3 数控车床编程实例二

采用纵向粗车循环G71与精车循环G70编制加工程序。取零件毛坯为棒料，要求循环起始点在（220.0，260.0），粗加工切削深度为1.5mm，退刀量为0.5mm，X方向精加工余量为0.4mm，Z方向精加工余量为0.2mm，进给量为0.15mm/r，主轴转速为800r/min。

（1）分析零件图样，进行工艺处理

如图27.3-7所示零件可以采用自定心卡盘来进行安装，工件坐标原点设置在如图所示位置，该点可以通过G92指令确定出来。由于采用尖刀对零件进行加工，需要考虑刀具的偏置，一般不需要考虑刀尖圆弧对加工的影响。工艺参数可以按照题目中给定的数值。

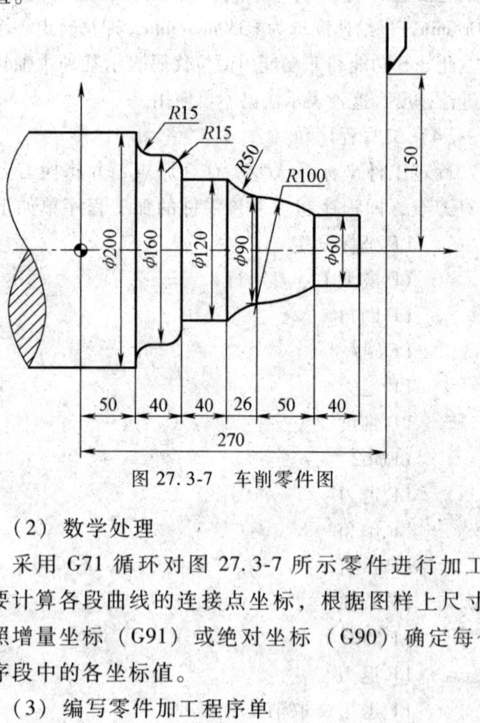

图27.3-7 车削零件图

（2）数学处理

采用G71循环对图27.3-7所示零件进行加工，需要计算各段曲线的连接点坐标，根据图样上尺寸，按照增量坐标（G91）或绝对坐标（G90）确定每个程序段中的各坐标值。

（3）编写零件加工程序单

```
O0001
N001  G92  X300.0  Z270.0;
N002  M03  S800;
N003  G01  X220.0  Z260.0     F100;
N004  G71  U1.5  R0.5  P005  Q014  U0.4  W0.2;
N005  G00  X60.0;
N006  G01  Z210     F0.15;
N007  G03  X90.0   W-50.0    R100.0;
N008  G02  X120.0  W-26.0    R50.0;
N009  G01  W-40.0;
N010  X130.0;
N011  G03  X160.0  W-15.0    R15.0;
N012  G01  W-10.0;
N013  G03  X190.0  W-15.0    R15.0;
N014  G01  X200.0;
N015  G70  P005     Q014;
N016  G00  X300.0  Z270.0;
N017  M05;
N018  M30;
```

3.3 数控铣床的程序编制

3.3.1 平面与曲面加工的工艺处理

（1）平面轮廓加工

平面轮廓多由圆弧或各种曲线构成，常用两坐标联动的三坐标铣床加工。如图27.3-8所示的平面轮廓*ABCDEA*采用圆柱铣刀进行周向加工，刀具半径为*r*。当机床具有刀具半径补偿功能时，可直接按轮廓*AB*、*BC*、*CD*、*DE*、*EA*划分程序段编程，若机床不具备刀具半径补偿，则按刀心轨迹*A′B′*、*B′C′*、*C′D′*、*D′E′*、*E′A′*划分程序段，并按虚线所示的坐标值编程。为保证加工平面平滑过渡，增加切入外延*PA′*、切出外延*A′K*、让刀*KL*以及返回*LP*等程序段。应尽可能避免法向切入和进给中途停顿。

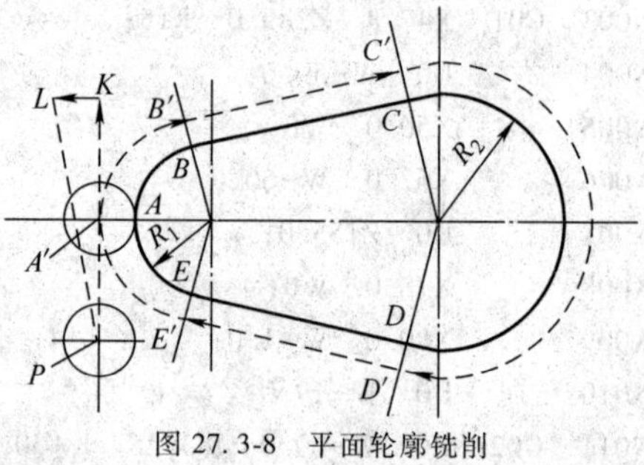

图27.3-8 平面轮廓铣削

由于一般数控装置只具备直线和圆弧插补功能，当平面轮廓为任意曲线时，常用多个直线段和圆弧段去逼近它，如图27.3-9所示。逼近线段的交点称为“节点”，这时可按节点划分程序段，要注意逼近线段的误差δ应小于允许误差。考虑到工艺系统及计算等误差的影响，δ一般取零件公差的1/10~1/5。编程时应计算与逼近线段相对应的铣刀中心轨迹的节点坐标。

（2）曲面轮廓的加工

对立体曲面的加工，应根据曲面形状、刀具形状及精度要求，采用不同的铣削方法。

1）两坐标联动的三坐标行切法加工。对如图27.3-10所示的曲面，可在两坐标联动的三坐标铣床上加工，将*X*向分成若干段，圆头铣刀沿*YZ*面所截的曲线进行铣削，每一段加工完后进给ΔX，再加工

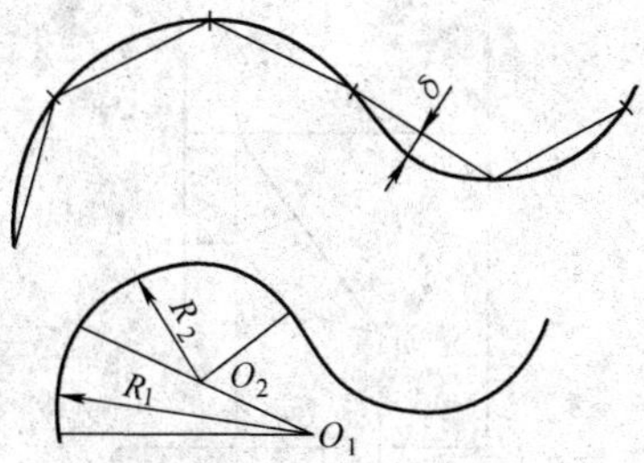

图 27.3-9　曲线的逼近

另一相邻曲线，如此依次切削即可加工完成整个曲面，这种方法叫作行切法。根据表面粗糙度及刀头不干涉相邻表面的原则选取 ΔX，选用的刀具常是球头铣刀，刀头半径应小于曲面的最小曲率半径。

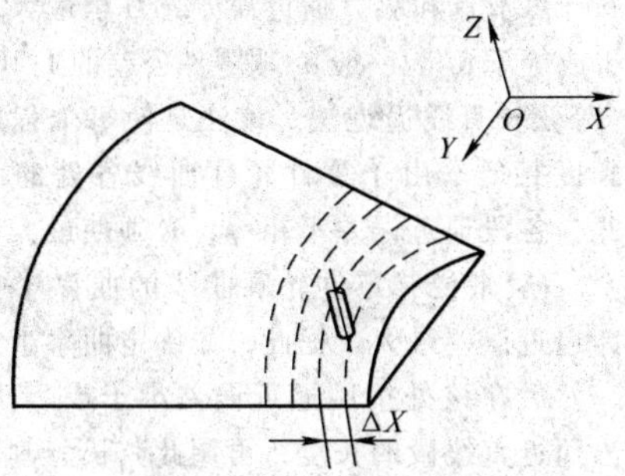

图 27.3-10　曲面行切法

2）三坐标加工。用三坐标联动加工曲面，有利于提高曲面的加工精度。如图 27.3-11 所示，P_{YZ} 平面为平行于 YZ 坐标平面的一个行切面，与其曲面的交线 ab 若为一条平面曲线，则应使球头刀与曲面的切削点总是处在平面曲线 ab 上，以获得规则的残留沟纹。显然，这时的刀心轨迹 O_1O_2 不在 P_{YZ} 平面上，而是一条空间曲线（实际上是空间折线），因此需要 X、Y、Z 三轴联动加工。

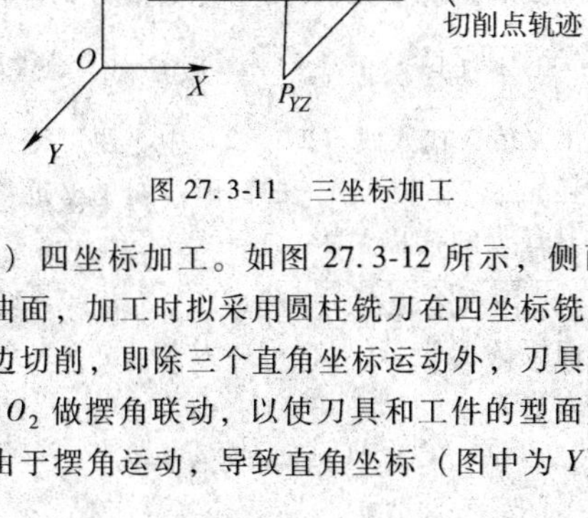

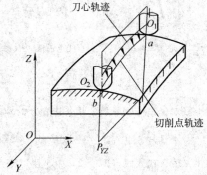

图 27.3-11　三坐标加工

3）四坐标加工。如图 27.3-12 所示，侧面为直纹扭曲面，加工时拟采用圆柱铣刀在四坐标铣床上进行周边切削，即除三个直角坐标运动外，刀具还应绕 O_1 或 O_2 做摆角联动，以使刀具和工件的型面始终贴合。由于摆角运动，导致直角坐标（图中为 Y）需做附加运动。

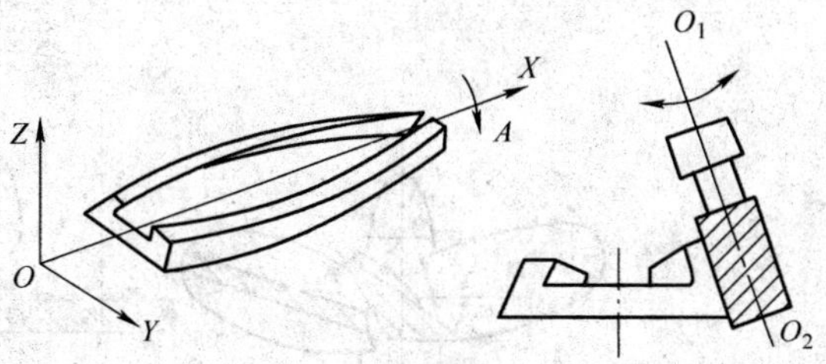

图 27.3-12　四坐标加工

4）五坐标加工。五坐标加工的典型零件之一是螺旋桨，其叶片的形状及加工原理如图 27.3-13 所示。

在半径为 R_i 的圆柱面上与叶面的交线 ab 为螺旋线的一部分，螺旋角为 φ_i，叶片的径向叶型线（轴向剖面）$\overline{EF}$的倾角 α 为后倾角。对螺旋线 ab，采用极坐标加工方法，并以折线段逼近。线段 mn 由 C 坐标旋转 $\Delta\theta$ 与 Z 坐标位移 ΔZ 合成。当 ab 加工完后，刀具径向位移 ΔX（改变 R_i），再加工相邻的另一条型线，依次逐一加工，即可形成整个型面。由于叶面的曲率半径较大，所以常用端面铣刀加工，以提高生产率并简化程序。因此，为保证铣刀端面始终和曲面贴合，铣刀还应做坐标 A 和坐标 B 的摆角运动，在摆角的同时，还应做直角坐标的附加运动，以保证铣刀端面中心始终位于编程值的位置上，所以需要 Z、C、X、A、B 五坐标加工。

3.3.2　非圆曲线与列表曲线的数学处理

（1）非圆曲线的节点计算

在机械加工中，常遇到一些非圆曲线（如摆线、渐开线、抛物线、双曲线等）构成的零件。一般的数控系统不具备这些曲线的插补功能，必须采用直线或圆弧逼近的方法加工，这时就必须先进行数学处理。

1）等间距直线逼近的节点计算。这种方法是使每一个程序段中的某一个坐标的增量相等。在直角坐标系中可令 X 坐标的增量相等，在极坐标系中可令转角坐标的增量相等，也可以令径向长度的增量相等。如图 27.3-14 所示为加工一个凸轮时，X 坐标按等间隔分段时节点的分布情况。将 $x_1 \sim x_7$ 的值代入方程 $y=f(x)$ 中，可求出坐标值 $y_1 \sim y_2$，从而求得节点 $A_1 \sim A_{12}$ 的坐标值。间距的大小一般根据零件加工精度要求凭经验选取。求出节点坐标值，再验算由分段造成的逼近误差是否小于允许值，从图 27.3-14 中可以看出，不必每一段都要验算，只需验算 Y 坐标增量值最大的线段（如 A_1A_2 段）、曲率比较大的线段（如 A_5A_6 段）以及有拐点的线段（如 A_6A_7 段），如果这些线段的逼近误差小于允许值，其他线段一定能满足要求。

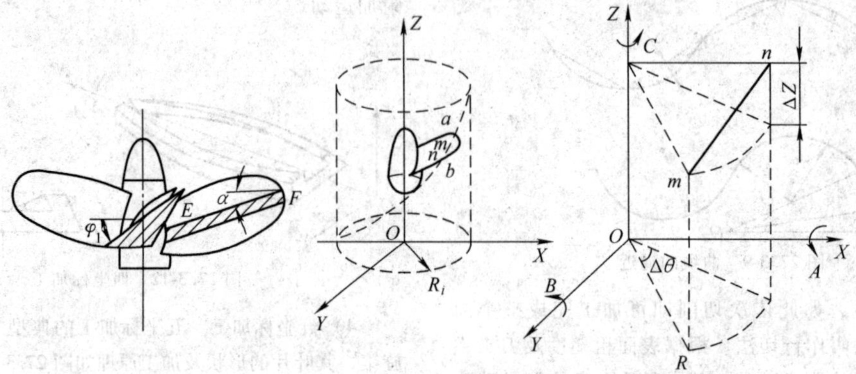

图 27.3-13　五坐标加工

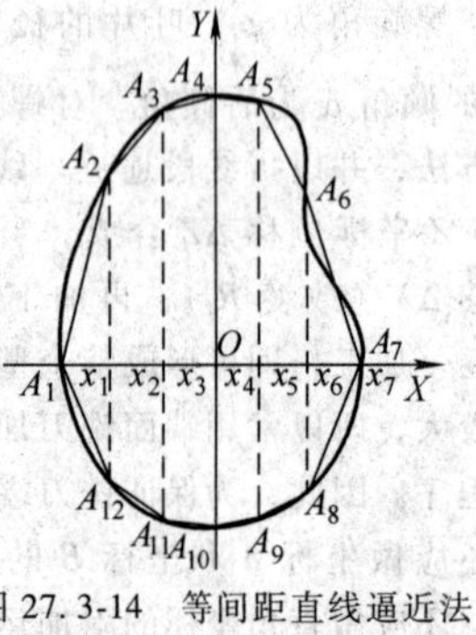

图 27.3-14　等间距直线逼近法

设图 27.3-15 中 A_1A_2 是要验算的线段，曲线方程为 $y=f(x)$，A_1A_2 的端点坐标分别为 (x_1, y_1) 和 (x_2, y_2)，则通过 A_1A_2 的直线方程为

$$\frac{x-x_1}{y-y_1}=\frac{x_1-x_2}{y_1-y_2}$$

距直线 A_1A_2 为 δ_{al} 的等距线的方程为

$$\delta_{al}=\frac{Ax+By+C}{\pm\sqrt{A^2+B^2}} \qquad (27.3\text{-}1)$$

式中，$A=y_1-y_2$，$B=x_2-x_1$，$C=y_1(x_1-x_2)-x_1(y_1-y_2)$。

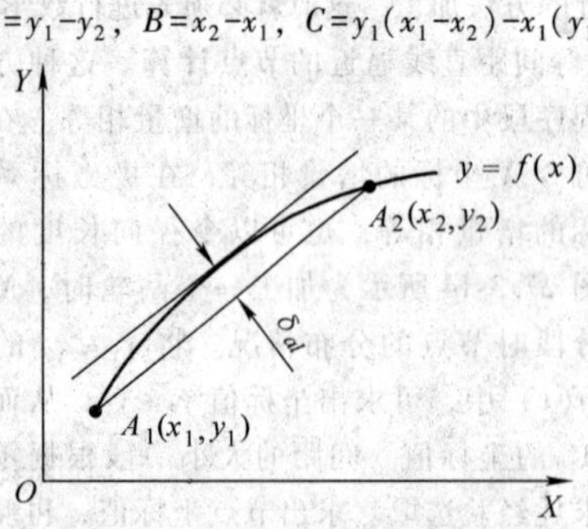

图 27.3-15　逼近误差求解原理

将式 (27.3-1) 与曲线方程 $y=f(x)$ 联立求解。如果无解，即没有交点，则表示逼近误差小于 δ_{al}；如果只有一个解，即等间距线与轮廓曲线相切，则表示逼近误差等于 δ_{al}；如果有两个或两个以上的解，则表示逼近误差大于 δ_{al}，这时应缩小等间距坐标的增量值，重新计算节点和验算逼近误差，直至最大的逼近误差小于或等于 δ_{al}。一般 δ_{al} 取零件公差的 1/10~1/5。

2）等弦长直线逼近法。该法是使每个程序段的直线段长度相等。由于零件轮廓曲线各处的曲率不同，因此，各段逼近误差不相等，必须使最大误差仍小于 δ_{al}。一般来说，零件轮廓曲线的曲率半径最小的地方，逼近误差最大。据此，先确定曲率半径最小的位置，然后在该处按照逼近误差小于或等于 δ_{al} 的条件求出逼近直线段的长度，再用此弦长分割零件的轮廓曲线，即可求出各节点的坐标。

如图 27.3-16 所示，已知零件轮廓曲线的方程为 $y=f(x)$，则曲线的曲率半径为

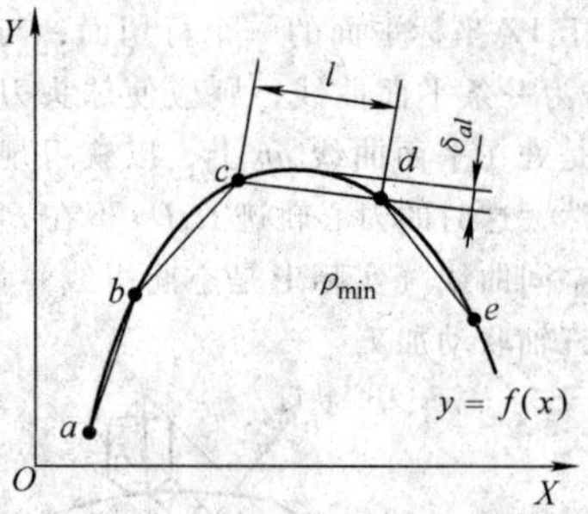

图 27.3-16　等弦长直线逼近法

$$\rho=\frac{[1+(y')^2]^{\frac{3}{2}}}{y''} \qquad (27.3\text{-}2)$$

将上式对 x 求一次导数，并令其值为 0，有

$$\frac{d\rho}{dx}=3y'y''^2(1+y'^2)^{\frac{1}{2}}-(1+y'^2)^{\frac{3}{2}}y''=0 \qquad (27.3\text{-}3)$$

求出 x 值，代入式 (27.3-2) 中，便可得到最小曲率半径 ρ_{min}。半径为 ρ_{min} 的圆弧，如果逼近误差为 δ_{al} 时，其逼近的弦长 l 为

$$l=2\sqrt{\rho_{min}^2-(\rho_{min}-\delta_{al})^2}\approx 2\sqrt{2\rho_{min}\delta_{al}} \qquad (27.3\text{-}4)$$

以曲线的起点 $a(x_a, y_a)$ 为圆心，l 为半径作圆，其方程为

$$(x-x_a)^2+(y-y_a)^2=8\rho_{min}\delta_{al} \qquad (27.3\text{-}5)$$

将式（27.3-5）与曲线方程 $y=f(x)$ 联立求解，得交点 b 的坐标（x_b，y_b）。顺次以 b、c、d、…为圆心，l 为半径作圆，并按上述方法求交点，即可求得节点 c、d、e、…的坐标值。这种方法的计算过程比等间距法复杂，但程序段数目较少。

3）等误差直线逼近法。该法是使每个直线段的逼近误差相等，并小于或等于 δ_{al}。所以比前两种方法都合理，程序段数更少。大型、复杂的零件轮廓采用这种方法较合理。

如图 27.3-17 所示，以曲线起点 $a(x_a, y_a)$ 为圆心，逼近误差 δ_{al} 为半径，画出公差圆，然后作公差圆与轮廓曲线的公切线 T，再通过 a 点作直线 T 的平行线与轮廓曲线的交点 b，b 点就是所求的节点。再以 $b(x_b, y_b)$ 点为圆心作公差圆并重复上述的步骤，便可依次求出各节点的坐标。

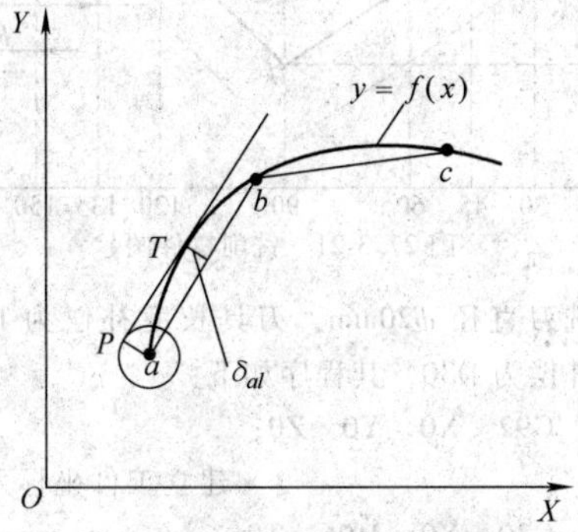

图 27.3-17　等误差直线逼近法

以 a 点为圆心的公差圆方程为

$$(x-x_a)^2+(y-y_a)^2=\delta_{al}^2 \tag{27.3-6}$$

公切线 T 的方程为

$$y=kx+b \tag{27.3-7}$$

式中，k 为公切线的斜率，其值为

$$k=\frac{y_T-y_P}{x_T-x_P} \tag{27.3-8}$$

解下列联立方程

$$f'(x_T)=\frac{y_T-y_P}{x_T-x_P}$$

$$f(x_T)=y_T$$

$$f'(x_P)=\frac{y_T-y_P}{x_T-x_P}$$

$$f(x_P)=y_P$$

便可求得 x_T、y_T、x_P、y_P，$y=f(x)$ 为轮廓曲线的方程。再由式（27.3-8）求出斜率 k。过 a 点且平行于切线 T 的直线方程为

$$y-y_a=k(x-x_a) \tag{27.3-9}$$

求出的方程（27.3-9）与轮廓曲线 $y=f(x)$ 的交点就是节点 b。再从 b 点开始，重复上述的计算步骤，即可求出其他各节点。

4）圆弧逼近法。如果数控机床有圆弧插补功能，则可以用圆弧段去逼近工件的轮廓曲线，此时，需求出每段圆弧圆心、起点、终点的坐标值以及圆弧段的半径。计算节点的依据仍然是要使圆弧段与工件轮廓曲线间的误差小于或等于允许的逼近误差 $\delta_{允}$。下面介绍一种计算节点的等误差法，如图 27.3-18 所示，其计算步骤如下：

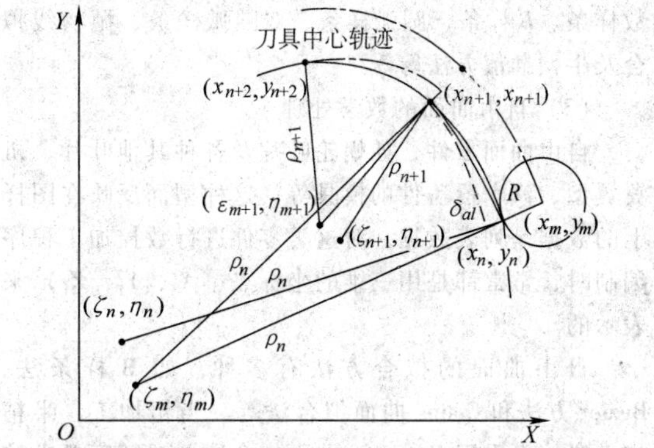

图 27.3-18　圆弧逼近法

① 求轮廓曲线 $y=f(x)$ 在起点（x_n，y_n）处的曲率中心的坐标（ξ_n，η_n）和曲率半径 ρ_n，有

$$\rho_n=\frac{[1+(y'_n)^2]^{\frac{3}{2}}}{|y''|}$$

$$\xi_n=x_n-y_n'\frac{1+(y_n')^2}{y_n''}$$

$$\eta_n=y_n-\frac{1+(y_n')^2}{y_n''}$$

② 以点（ξ_n，η_n）为圆心，$\rho\pm\delta_{al}$ 为半径作圆，与曲线相交，其交点为（x_{n+1}，y_{n+1}）。圆的方程为

$$(x-\zeta_n)^2+(y-\eta_n)^2=(\rho_n\pm\delta_{al})^2$$

将该圆的方程与曲线方程 $y=f(x)$ 联立求解，即得所求节点（x_{n+1}，y_{n+1}）。

③ 以（x_n，y_n）为起点、（x_{n+1}，y_{n+1}）为终点、半径为 ρ_n 的圆弧段就是所要求的逼近圆弧段。将以下两个方程

$$(x-x_n)^2+(y-y_n)^2=\rho_n^2$$

$$(x-x_{n+1})^2+(y-y_{n+1})^2=\rho_n^2$$

联立求解，可以求得圆弧段的圆心坐标为（ξ_m，η_m）。

④ 重复上述步骤，可依次求出其他逼近圆弧段。

（2）列表曲线的数字处理

所谓列表曲线，是指已给出曲线上某些坐标点，但没有给出方程。若列表点已密集到不影响曲线精度的程度，可在相邻列表点间直接用直线段和圆弧段编程，否则应根据已知列表点导出插值方程，据此进行插点加密求得新的节点，然后根据这些节点编制逼近

线段的程序。

用方程式拟合出来的曲线必须满足如下的要求：

1）拟合曲线必须通过给定的各列表点。

2）拟合曲线在连接处的一阶导数、二阶导数连续，且曲线光滑。

3）拟合曲线与列表点给出的曲线凹凸一致，不应在列表点凹凸性之外增加新的拐点。

列表曲线的拟合方法很多，有三次样条、三次参数样条、*B* 样条、圆弧样条、双圆弧样条、抛物线拟合及牛顿插值方法等。

（3）自由曲面的数学处理

自由曲面零件，如蜗轮叶片及各种其他叶片、机翼翼型、汽车覆盖件的模具等，这种型面反映在图样上的数据是列表数据。对这类零件进行数控加工程序编制时，常常都是用三维的坐标点（X_i，Y_i，Z_i）来表示的。

自由曲面的拟合方法有多种，如 B 样条法、Bezier 方法和 Coons 曲面拟合法等。当粗加工、半精加工时，常采用 Ferguson 曲面拟合法，对精度要求较高的曲面采用 Coons 曲面法。

3.3.3　棱角过渡

如果数控系统无刀具半径补偿功能，当铣削棱角轮廓时，若刀心位移量与轮廓尺寸相同，则会产生如图 27.3-19 所示的刀心轨迹不连续或干涉的现象。为此，手工编程时应考虑棱角处的过渡轨迹或过渡程序。其基本方法如图 27.3-20 所示。图 27.3-20a为直线与直线段轮廓，过渡点应为两刀心轨迹的交点 *S*；图 27.3-20b 为直线与圆弧轮廓，过渡点为 *S*，并增加 *SA′*直线程序；图 27.3-20c 为圆弧与直线轮廓，棱角小于 90°，增加 *A′S*（= *r*）、*SS′*、*S′A″*三个直线程序（*r* 为刀具半径）；图 27.3-20d 为内轮廓的刀心轨迹。

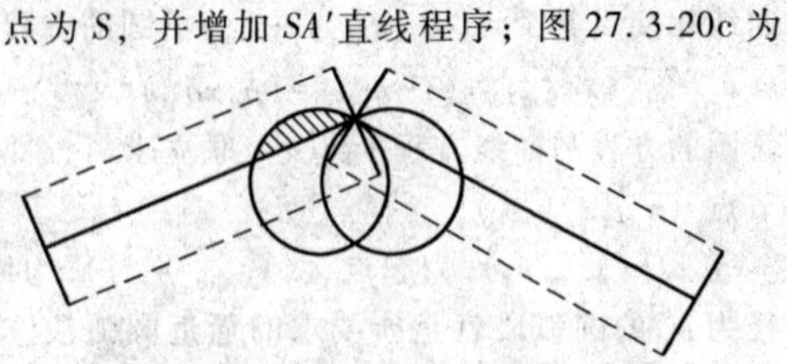

图 27.3-19　棱角过渡的不连续与干涉

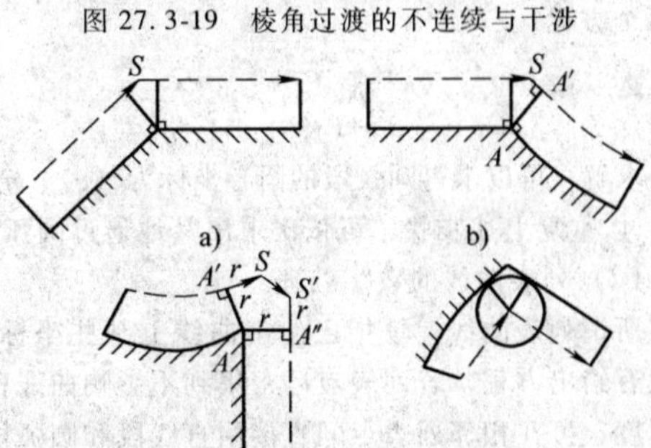

图 27.3-20　棱角过渡

3.3.4　数控铣床的程序编制实例一

如图 27.3-21 所示为用立铣加工工件外轮廓的加工示意图。

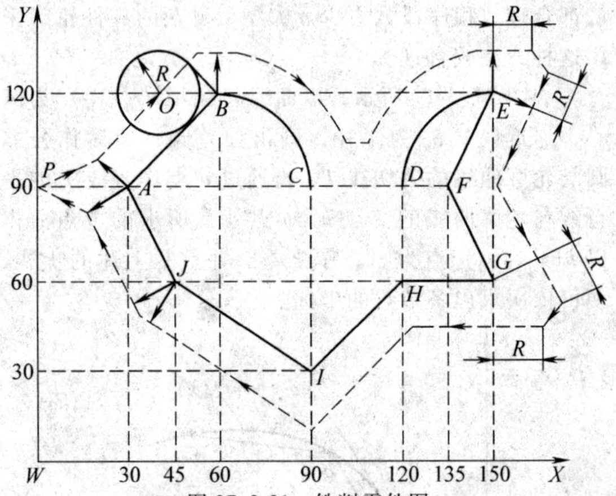

图 27.3-21　铣削零件图

立铣刀直径 ϕ20mm，刀具长度补偿为 H03，刀具半径补偿为 D30，其程序如下：

N1　G92　X0　Y0　Z0；

　　　　＊建立工件坐标系

N2　G30　Y0　M06　T06；

　　　　＊返回第二参考点换刀

N3　G00　G90　X0　Y90；

　　　　＊快速移至 *P* 点

N4　G43　Z0　H03　S440　M03；

　　　　＊长度补偿，主轴正转

N5　G41　G17　X30.0　D30　F100；

　　　　＊半径补偿，移至 *A* 点

N6　G01　X60.0　Y120.0；

　　　　＊加工直线 *AB* 段

N7　G02　X90.0　I0　J−30.0；

　　　　＊加工圆弧 *BC* 段

N8　G01　X120.0；

　　　　＊加工直线 *CD* 段

N9　G02　X150.0　Y120.0　I130.0；

　　　　＊加工圆弧 *DE* 段

N10　G01　X135.0　Y90.0；

　　　　＊加工直线 *EF* 段

N11　　　X150.0　Y60.0；

　　　　＊加工直线 *FG* 段

N12　　　X120.0；

　　　　＊加工直线 *GH* 段

```
N13          X90.0   Y30.0;                 * 加工直线 HI 段
N14          X45.0   Y60.0;                 * 加工直线 IJ 段
N15          X30.0   Y90.0;                 * 加工直线 JA 段
N16   G40    G00   X0   Y90.0;              * 取消刀补
N17          X0   Y0   Z0;                  * 返回原点
N18          M30;                           * 程序结束
```

3.3.5　数控铣床的程序编制实例二

有板状零件如图 27.3-22 所示，厚度为 20mm，今欲在立式数控铣床上对其进行加工，要求：建立工件坐标系，并求出廓形中各节点的坐标；编写精加工该廓形的加工程序，编程中使用刀具半径右补偿；绘出刀具中心轨迹。

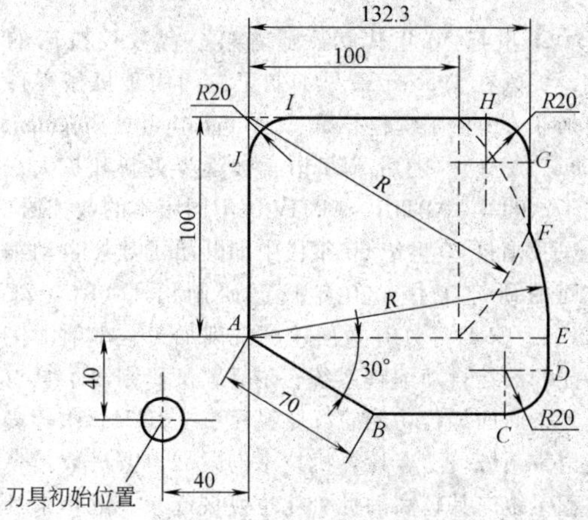

图 27.3-22　轮廓铣削编程

（1）分析零件图样，进行工艺处理

如图 27.3-22 所示的零件可以在立式数控机床上进行加工，工件可以通过压板安装在工作台上。考虑到工件有厚度，所以要进行刀具的长度补偿。采用棒铣刀对工件外轮廓进行加工需要进行刀具的半径补偿。

（2）数学处理

采用立式数控铣床对如图 27.3-22 所示的零件进行加工，需要计算各段曲线的连接点坐标，根据图样上的尺寸确定每个程序段中的各坐标值。

以 *A* 点为坐标原点建立工件坐标系，如图 27.3-23 所示。计算各点的坐标为：*A*(0，0)，*B*(51.24，-35.0)，*C*(121.4，-35.0)，*D*(141.4，-15.0)，*E*(141.4，0)，*F*(132.3，50.0)，*G*(132.3，80)，*H*(112.3，100)，*I*(20.0，100.0)，*J*(0，80.0)。

（3）编写零件加工程序单

数控加工程序：

```
O0001
N001   G92   X-40.0   Y-40.0   Z50.0;
N002   G90   G00   G43   Z10.0   H01;
N003   G01   Z-20.0   F500;
N004   S440   M03;
N005   G42   G00   G17   X0   Y0   D30   F100;
N006   G01   X51.24   Y-35.0;
N007   X121.1;
N008   G03   X141.4   Y-15.0   R20.0;
N009   G01   Y0;
N010   G03   X132.3   Y50.0   I-141.4;
N011   G01   Y80.0;
N012   G03   X112.3   Y100.0   R20.0;
N013   G01   X20.0;
N014   G03   X0   Y80.0   R20.0;
N015   G01   Y0;
N016   G40   G00   X-40.0   Y-40.0;
N017   M05;
N018   M30;
```

坐标系建立和刀具中心轨迹如图 27.3-23 所示。

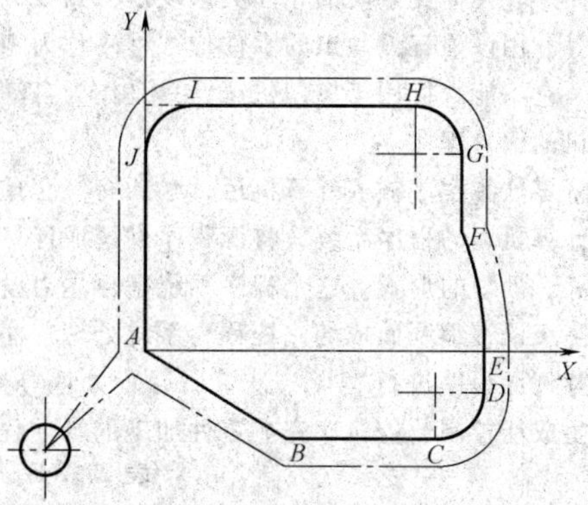

图 27.3-23　坐标系建立和刀具中心轨迹

4　计算机数控自动程序编制系统

4.1　数控语言自动编程

4.1.1　数控语言自动编程的工作原理

计算机数控自动编程的整个过程是由计算机自动完成的。如图 27.3-24 所示，编程人员只需根据零件图样的要求，使用数控语言编写出一个简短的零件源程序输入计算机，计算机经过翻译处理和刀具运动轨迹处理，生成刀具位置数据（Cutter Location Data，

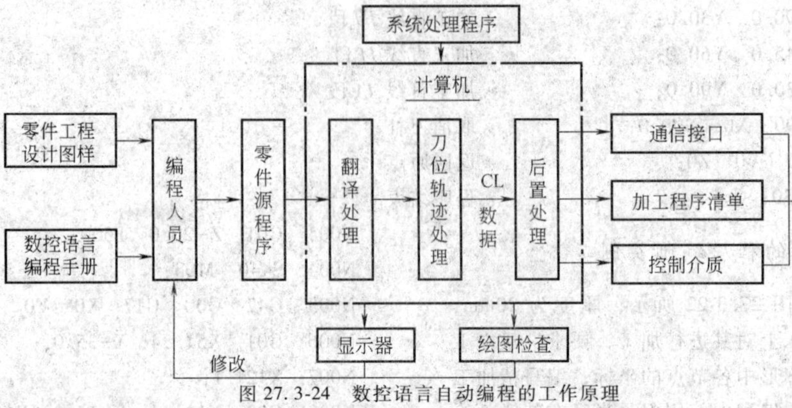

图 27. 3-24　数控语言自动编程的工作原理

CLDATA)，再经过后置处理，生成符合具体数控机床要求的零件（加工）程序。该零件程序可以按程序单方式打印输出，也可以利用穿孔纸带输出，还可以通过通信接口直接送到 CNC 系统的存储器予以调用。经计算机处理的数据还可以通过屏幕图形或绘图仪自动绘图，绘出刀具运动的轨迹，用以检查数据处理的正确性，编程人员可以据此分析错误，验证程序，并予以修改。

数控语言是一套规定好的基本符号、字母数字及由它们来描述零件加工的语法、词法规则。这些符号及规则接近于日常车间用语。用它来描述零件形状、尺寸大小、几何元素间的相互关系及走刀路线、工艺参数等。用该语言编写出的零件加工程序称为零件源程序。它不能直接用于控制机床，只是作为自动编程计算机的输入程序。

将零件源程序输入计算机后，必须有一套预先存放在计算机里的程序系统，将源程序翻译成计算机可以计算、处理的形式。这个程序系统是事先由设计者使用高级语言编制而成的，统称为系统处理程序，由它对零件源程序进行翻译、计算、后置处理等操作，最后生成能控制数控机床完成零件加工的零件程序。

4.1.2　数控自动编程语言

20 世纪 50 年代初，随着第一台数控铣床的问世，美国在 1955 年最早编制了专门用于机械零件数控加工的自动编程语言（Automatically Programmed Tools，APT）。随后 APT 语言被逐步更新和扩大，形成了 APTII、APTIII、APTIV 等不同版本的数控语言。

我国自 20 世纪 60 年代中期开始了数控自动编程方面的研究工作，70 年代已研制出了 SKC、ZCX、ZBC-1、CKY 等具有平面轮廓铣削加工、车削加工等功能的数控自动编程系统。尔后，又研制出了具有解决复杂曲面编程功能的数控编程系统 CAM-251 等多功能语言系统。随着计算机技术的发展，微机数控自动编程系统以其较高的性价比也发展起来，近年来推出了 HZAPT、EAPT、SAPT 等微机数控自动编程系统。

目前，由于各主要工业国，甚至一个公司集团都有各自的数控语言，而且大多与 APT 语言基本类似，为了数控语言在国际上的通用性，国际标准化组织在 APT 语言的基础上制定了 ISO4342—1985 数控语言标准。我国将在此基础上制定国标。国外有代表性的数控语言见表 27. 3-3。

表 27. 3-3　国外有代表性的数控语言

名称	研制者	所用计算机	适用范围	
			数控装置	坐标数
APTII	MIT(美)	IBM7090(256KB)	通用	3~6
APTIV	HTRI(美)	多种	通用	3~6
APTAC	美国	IBM370	连续	4~5
ADAPT	IBM(美)	IBMS/360F	连续	2
AUTOSPOT	美国	IBMS/360E	点位直线	3
AUTOMAP-1	美国	IBM1620	连续	2
EXAPT1	EXAPT 协会（德国）	多种	点位	3
EXAPT2			点位、连续	
EXAPT3			连续、两坐标轴联动	
2C	NEL(英)	多种 1620	连续、主要车床	2
2CL			连续	3
2PC			点位	2~3

（续）

名称	研制者	所用计算机	适用范围	
			数控装置	坐标数
2FAPT-P	ADEPA(法)	56KB 容量计算机	点位	3
2FAPT-C			连续	
2FAPT-CP			点位、连续	
FAPT	富士通(日)	FAOOM270-10	连续	$2\frac{1}{2}$
HAPT	日立	HIT-AC5020	连续	2

4.1.3　数控语言自动程序编制系统的程序设计

(1) 数控语言自动程序编制系统的总体结构

计算机数控程序编制系统主要由前置处理程序及后置处理程序两大部分组成，如图 27.3-25 所示。

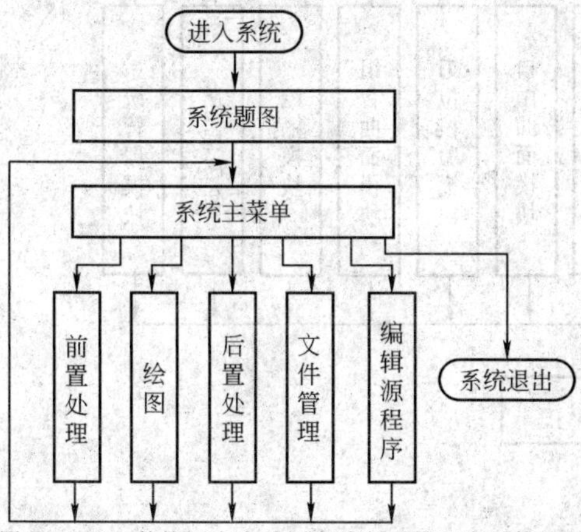

图 27.3-25　数控语言自动程序编制系统程序总体框图

前置处理程序的任务是对零件源程序的输入翻译，进行数学处理并计算出刀具运动中心轨迹，得到刀位数据（CLD）文件。后置处理程序则将刀位数据和有关的工艺参数、辅助信息等处理成具体的数控系统所要求的指令和程序格式，并自动输出数控机床所能接受的零件程序单、穿孔纸带或直接通过通信接口传送给数控系统。

(2) 前置处理程序的组成及功能

前置处理程序由输入模块及计算模块组成，如图 27.3-26 所示。

1) 输入翻译阶段包括输入模块、词法分析和语法分析模块。要对源程序依次进行扫描，进行词法分析，对各字符串进行分解，识别单词。在此基础上，再进行语法分析，把单词符号串分解成各类语法单位，确定整个输入串是否能构成一个语法上正确的句子，如果发现源程序中有不符合语法或词法的地方，则输出错误信息，以便修改。

2) 计算阶段程序的组成及功能。在得到没有词法和语法错误的零件源程序后，即进入计算阶段，求得零件的基点、节点及刀具运动的中心轨迹，即刀位数据。该部分的组成和功能模块见表 27.3-4。

另外，还包括：①组合曲面模块，该模块程序能将不同表面组合在一起，具有对复杂形体编程的功能；②绘图模块，该模块程序能使用户在屏幕上快速绘图，也允许用户在绘图仪上进行绘图校验，能根据用户需要绘制 *XOY*、*YOZ*、*ZOX* 平面的中间正投影、二等测、三等测投影图和一般透视投影图，并具有局部放大功能；③公用程序包，该模块程序包括正切计算、行列式计算、求最大值、存取几何元素、存取切削数据、分区词判别、刀具偏置、高斯法解方程、追赶法解方程等程序；④系统管理模块。

3) 后置处理程序的组成及功能。后置处理程序可以将刀位数据及相应的切削条件、辅助信息等处理成对应数控系统所要求的指令和程序格式，并制成穿孔纸带及打印出零件程序单等。后置处理程序是专用程序，数控系统不同，后置处理程序也不同。一个应用广泛的数控程序编制系统应具有丰富的后置处理程序，以适用于尽可能多的数控系统。后置处理程序采用模块式设计，其程序总框图如图 27.3-27所示。

后置处理程序模块组成及其功能见表 27.3-5。由于采用了模块式程序结构，每个模块的功能便能一目了然。在运动及辅助功能模块中，处理各种指令的语句也很明确，因此，如有不同之处，容易修改，便于生成新的后置处理程序。

4.2　图形交互数控自动编程

随着计算机技术的迅速发展，计算机的图形处理能力有了很大的提高。因而，一种可以直接将零件的几何图形信息自动转化为数控加工程序的全新计算机辅助编程技术——“图形交互自动编程”便应运而生，并在 20 世纪 70 年代后得到了迅速的发展和推广应用。

4.2.1　图形交互编程的原理和特点

(1) 图形交互式编程的原理

图形交互自动编程是 CAD/CAM 一体化系统的重

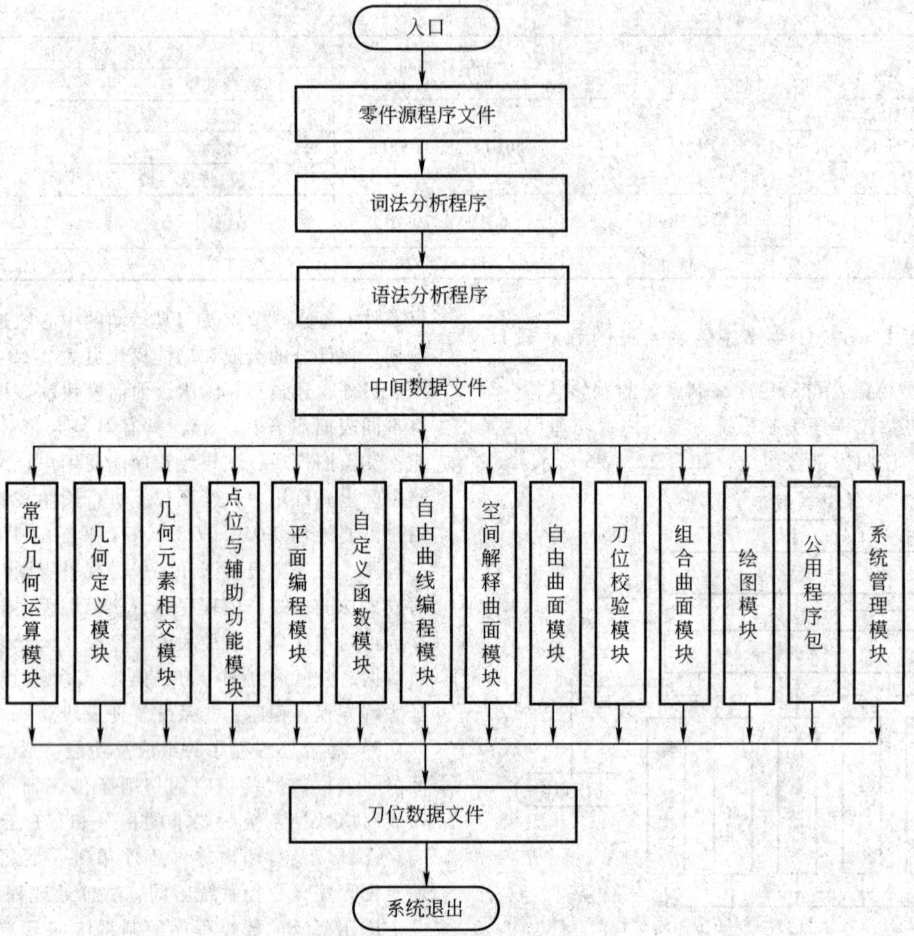

图 27.3-26　前置处理程序框图

表 27.3-4　计算阶段程序的组成和功能模块

模块类型	模块内容及功能说明
常规几何计算模块	模块程序包括平面的平移、旋转、对称的计算，点到直线距离的计算，矢量叉乘，线段中点计算，已知三点求平面，一点沿矢量平移以及投影计算等
几何定义模块	该模块程序确定直线、圆弧、空间直线、平面、球、圆柱、圆锥、圆环、矢量、螺旋面，一般二次曲面的各种定义形式，用户可自由选择不同的定义方式，并且允许嵌套定义
几何元素相交模块	模块程序具有两条直线相交、直线圆弧相交、两圆弧相交、两圆弧相切、直线圆弧相切、直线平面相交、直线球面相交、直线椭圆面相交、两平面相交、三平面相交、直线椭圆面相切、直线一般二次曲面相交、直线自定义参数曲线相交、圆弧自定义参数曲线相交、两直线间圆角过渡、直线圆弧间圆角过渡、两圆弧间圆角过渡、直线自定义参数曲线间圆角过渡、圆弧自定义参数曲线间圆角过渡等功能
点位与辅助功能模块	该模块程序具有钻孔、攻螺纹、镗孔、组孔加工、槽加工等点位编程功能，同时还有程序名、平面选择、容差、刀具偏置、刀具补偿、换刀、进给、转速、主轴停转、冷却、取参数、程序结束等辅助功能
平面编程模块	该模块程序可以对零件源程序进行语法分析、词法分析，对圆点、直线、圆弧相互连接组成的平面零件轮廓编程
自定义函数模块	该模块程序允许用户以表达式的形式输入数值和几何参数，可对用户任意定义的参数曲线编程，大大扩展了系统的编程能力
自由曲线编程模块	该模块程序提供了按点列或给出位矢量与切矢量两种类型方法描述的自由曲线的程序编制功能，并提供了自由、夹紧、与前段相切、与后段相切、闭合等不同端点的条件
空间解析曲面模块	该模块程序具有对球面、圆柱面、圆锥面、圆环面、螺旋面，以及由任意平面曲线绕任意轴旋转构成曲面的程序编制功能

（续）

模块类型	模块内容及功能说明
自由曲面模块	该模块程序可以对点阵描述的曲面按 Coons 曲面和 Fergson 曲面插值，同时可广泛用于生产中用截面描述的曲面编程，并可对曲面进行光顺处理
刀位校验模块	该模块程序可根据多面体数控加工方法，自动校验铣削加工时的刀具干涉问题，并提高加工精度或切削效率，分别给出最大刀具切削半径或深度

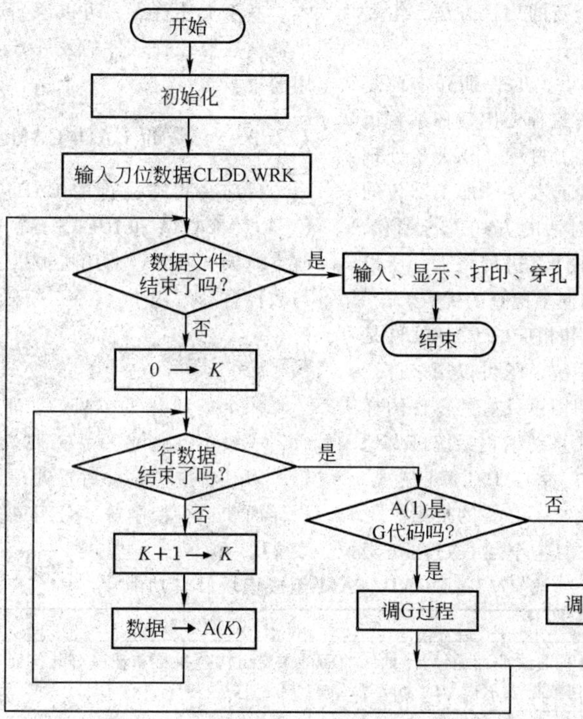

图 27.3-27　后置处理程序总框图

表 27.3-5　后置处理程序模块组成及其功能

模块名称	模块内容及其功能
输入及控制模块	模块的作用是将前置处理阶段计算得到的并已存入数据文件 CLDD. WRK 中的刀位数据及辅助功能信息输入到后置处理程序中，然后再判断、控制、调用其他模块
运动模块	运动模块包括 G 代码的判断处理模块、直线插补处理模块及圆弧插补处理模块。G 代码判断处理模块的特点是使用了情况语句（CASE 语句）。其选择表达式的值由刀位数据每一行的第一位数值确定。该数值与 G 代码中"G"字母后面的数字相一致。当判断了刀位数据每行的第一位数值后，即可知道是哪一种 G 代码，通过程序处理成所需的加工程序指令
辅助功能模块	模块的作用主要是判断和处理辅助功能 M 代码及 F、S、T 指令。其程序设计特点与运动模块相似，使用了情况语句
输出模块	系统提供多种输出方式。可在显示屏上显示零件程序，打印程序单，输出穿孔纸带，也可存入磁盘

要功能，它以机械计算机辅助设计（CAD）软件为基础，利用 CAD 软件的图形编辑功能，将零件的几何图形绘制到计算机上，形成零件的图形文件；然后调用数控编程模块，采用人机交互的方式在计算机屏幕上指定被加工的部位，再输入相应的加工工艺参数，计算机便可自动进行必要的数学处理，并编制出数控加工程序，同时还可方便地在计算机屏幕上显示刀具的加工轨迹。由于这种编程方法不用手工编写程序，因此具有速度快、精度高、直观性好、使用方便、便于检查等优点，同时还可方便地实现零件设计与加工信息的传递，便于实现设计与制造一体化。图形交互自动编程已经成为当前数控自动编程的主要手段。

图形交互编程系统的硬件配置与语言系统相比，增加了图形输入器件，如鼠标、键盘、数字化仪和功能键等输入设备，这些设备与计算机辅助设计系统是一致的，因此，图形交互编程系统不仅可用已有零件图样进行编程，更多的是适用于CAD/CAM系统中零件的自动设计和NC程序编制。这是因为CAD系统已将零件的设计数据予以存储，所以可以直接调用这些设计数据进行数控程序的编制。

（2）图形交互自动编程的特点

图形交互自动编程是一种全新的编程方法，主要有以下几个特点：

1）图形交互自动编程不像手工编程那样需要复杂的数学计算，也不像APT语言编程要用数控编程语言去描述零件几何形状和加工走刀过程，及大量处理的源程序，而是在计算机上直接选取零件加工部位的几何图形、菜单选择，以交互对话的方式进行编程，其编程结果也以图形方式显示在计算机屏幕上，所以该方法具有简便、直观、准确和便于检查的优点。

2）图形交互自动编程软件和相应的CAD软件是有机联系在一起的一体化软件系统，既可以用来进行计算机辅助设计，还可以直接调用设计好的零件图样进行图形交互编程。图形交互式自动编程系统极大地提高了数控编程的效率，还可实现CAD/CAM集成，为实现CAD和CAM的一体化建立了必要的桥梁。

3）图形交互自动编程方法的整个编程过程是交互进行的，而不像APT语言编程那样，首先要用数控语言编好源程序，然后由计算机以批处理的方式运行，生成数控加工程序。这种交互式编程方法简单易学，在编程过程中可以随时发现问题并进行修改。

4）此类软件都是在通用计算机上运行的，不需要专门的编程机，所以非常便于推广和普及。

基于上述特点，可以说图形交互自动编程是计算机辅助数控编程软件的发展方向，有着非常广泛的应用前景。

4.2.2　主要的CAD/CAM软件

目前在我国流行的CAD/CAM软件主要有Pro/E、UG、CATIA和IDEAS等，已经广泛应用于汽车、航空航天、服装、通用机械以及电子工业的产品设计与数控自动编程中。

4.2.3　CAD/CAM系统功能分析

一个集成化的CAD/CAM系统，从编程的角度看，一般由几何造型、刀具轨迹生成、刀具轨迹编辑、刀具轨迹仿真、后置处理、计算机图形显示、用户界面和运行控制等部分组成，各组成模块的功能见表27.3-6。

表27.3-6　CAD/CAM组成模块及其功能

模块名称	模块功能
几何造型模块	其功能包括各种曲线曲面的设计，曲线曲面的求交、过渡、拼接和裁剪等几何处理，数控加工特征单元定义，曲面零件几何数据表示模型的生成等
刀具轨迹生成模块	其功能包括对多坐标点位加工、曲面区域加工、曲面交线加工、曲面腔槽加工等，可以直接采用几何数据库中加工（特征）单元的几何数据表示模型，根据所选用的刀具和加工方式进行刀位计算，生成数控加工刀具轨迹
刀具轨迹编辑模块	根据加工单元的约束条件，对刀具轨迹进行变换、裁剪、修正、删除、转置、匀化、分割及连接等
刀具轨迹校验模块	功能有两个方面，一是校验刀具轨迹是否正确；二是校验刀具是否与加工单元的约束面发生干涉和碰撞，以及校验与加工表面是否产生过切现象
计算机图形显示模块	实现各种曲线曲面、刀位点数据的图形显示及刀具轨迹的显示等，图形显示贯穿于整个图形交互编程的过程
用户界面模块	为用户提供一个良好的操作环境
运行控制模块	支持用户界面所有的输入方式到各功能模块之间的接口
后置处理模块	形成各个机床所需的数控加工程序文件。由于各种机床使用的控制系统不同，其数控加工程序指令代码及格式也有所不同

4.2.4　图形交互自动编程的主要步骤

目前，国内外图形交互自动编程软件的种类很多，这些软件的功能及面向用户的接口方式有所不同，所以编程的具体过程及编程过程中所使用的指令也不尽相同。但从总体上讲，其编程的基本原理及步骤是一致的。其具体步骤见表27.3-7。

上述是图形交互数控编程的一般过程。应当指出，在使用图形交互编程系统编制零件数控加工程序之前，应对该系统的功能及使用方法有较全面的了解。首先应了解系统的编程能力，如适用范围、可编程的坐标数和可编程的对象，是否具有刀具轨迹的编辑功能和刀具轨迹校验的能力等；其次应熟悉系统的用户界面及输入方式；最后还应了解系统的文件类型和文件管理方式。

表 27.3-7　图形交互自动编程具体步骤及说明

步骤	说　明
零件图样及加工工艺分析	图形交互式自动编程需要将零件被加工部位的图形准确地绘制在计算机上，并需确定有关工件的装夹位置、工件坐标系、刀具尺寸、加工路线及加工工艺参数等数据之后才能进行编程。作为编程前期准备工作的加工工艺分析的任务主要有：①核准零件的几何尺寸、公差及精度要求；②确定零件相对机床坐标系的装夹位置以及被加工部位所处的坐标平面；③选择刀具，并准确测定刀具有关尺寸；④确定加工路线；⑤确定工件坐标系、编程原点，找正基准面及对刀点；⑥选择合适的工艺参数
几何造型	利用图形交互自动编程软件的 CAD 功能或其他 CAD 软件，将零件被加工部位的几何图形准确地绘制在计算机屏幕上，与此同时，在计算机内自动形成零件图形的数据文件，这些图形数据是刀具轨迹计算的依据。在自动编程过程中，软件将根据加工要求提取这些数据，进行分析判断和必要的数学处理，以形成加工的刀具位置数据
刀位轨迹的生成	刀位轨迹的生成过程是交互进行的。首先在刀位轨迹生成的菜单中选择所需的菜单项，然后根据屏幕提示，用光标选择相应的图形目标，点取相应的坐标点，输入所需的各种参数。软件将自动从图形文件中提取编程所需的信息，进行分析判断，计算节点数据，并将其转换为刀具位置数据，存入指定的刀位文件中，同时在屏幕上显示出刀具轨迹图形
加工轨迹编辑	加工轨迹生成后，利用刀位编辑、轨迹连接和参数修改功能对相关轨迹进行编辑修改
加工仿真	加工仿真方法主要有刀位轨迹仿真法和虚拟加工法。刀位轨迹仿真法是较早采用的图形仿真方法，一般在刀位轨迹生成后，后置处理之前进行，主要检查刀位轨迹是否正确，加工过程中刀具与约束面是否发生干涉和碰撞。虚拟加工法是应用虚拟现实技术实现加工过程仿真的方法，是建立在工艺系统基础之上的高一级的仿真，不仅可以实现刀具与工件之间的相对运动仿真，更重视对整个工艺系统的仿真，该方法目前应用不多
后置处理	加工轨迹生成并经过仿真后，需要由加工轨迹生成加工程序，由于不同机床的数控系统其 G 代码功能不尽相同，加工程序的格式也有所区别。利用后置处理功能，可以通过修改某些设置而使程序符合各种常见的机床数控系统的要求，生成所需数控系统的加工程序，经过适当调整后满足特定数控机床型号的加工需要
程序传输和机床加工	生成的数控加工程序要传输给机床，如果程序量少而机床内存容量允许的话，可以一次性将加工程序传输给机床。如果程序量很大，就需要进行 DNC 在线传输，将加工程序通过计算机标准接口直接与机床连通，在不占用机床系统内存的基础上，实现计算机直接控制数控机床的加工过程。机床根据接收到的数控加工程序，进行在线 DNC 加工或单独加工

4.2.5　使用 Mastercam 软件图形交互自动编程示例

（1）Mastercam 软件介绍

Mastercam 是由美国 CNC Software 公司开发的基于微机的 CAD/CAM 软件，V5.0 以上版本运行于 Windows 操作系统。由于其价格较低且功能齐全，因此有很高的市场占有率。软件的 CAD 功能可以构建二维或三维图形，特别适用于具有复杂外形及各种空间曲面的模具类零件的建模和造型设计。Mastercam 拥有车削、铣削、钻削和线切割等多种加工模块，允许用户通过观察刀具运动来图形化编辑和修改刀具路径。另外，软件提供了多种图形文件接口，包括 DXF、IGES、STL、STA 和 ASCII 等。该系统具有 2~5 轴数控加工编程能力，在模具制造业中的应用非常广泛，是理想的教学用 CAM 系统。

（2）Mastercam 系统三维加工编程

待加工零件为某凹模的一部分，如图 27.3-28 所示，要求铣削加工成形表面，其型腔深 30mm，斜度为 30°，圆角半径为 8mm；腔底凸台高度为 5mm，尺寸为 60mm×116mm，圆角半径为 8mm；凸台与腔底的过渡圆角半径为 3mm，凸台顶面倒棱圆角半径为 3mm。

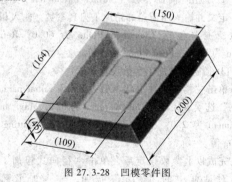

图 27.3-28　凹模零件图

1）几何造型步骤。启动 Mastercam 后，首先进行几何造型。

将其他 CAD 软件绘制的以 *.sat 格式存储的实体零件图进行转换，并输入到 Mastercam 系统中。选择主功能菜单（MAIN MENU）中的“文件（File）”→“转换（Converters）”→“Sat 文件（Sat）”→“读文件操作（Read file）”命令，打开以 *.sat 格式存储的零件文件。如图27.3-29所示为零件线框模型。

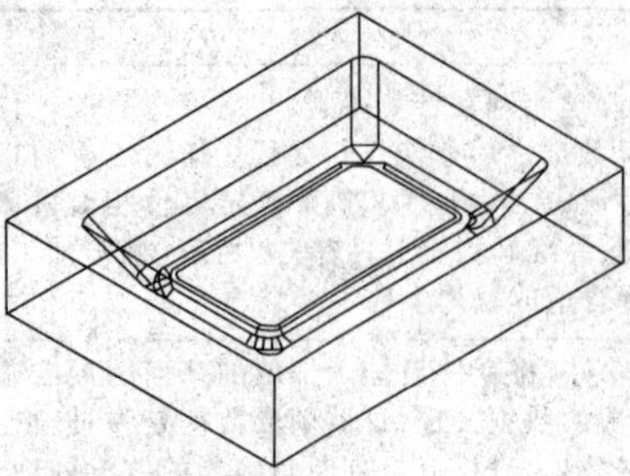

图27.3-29 零件线框模型

选择主功能菜单（MAIN MENU）中的“绘图（Create）”→“屏幕（Screen）”→“曲面着色（Surf disp）”命令，显示零件渲染后的图形，零件可以通过着色来检验是否存在缺陷。

2）生成刀具路径。

① 启动曲面铣削功能模块，生成模具型面加工的刀具轨迹。

a. 选择主功能菜单（MAIN MENU）中的“刀具轨迹（Toolpaths）”→“曲面（Surface）”→“精加工（Finish）”→“径向式加工（Radial）”→“实体（Solids）”命令。

b. 在拾取实体图素菜单中，设置实体为Y，其他为N，用鼠标选择实体，实体反白，按执行（Done）-执行（Done），弹出“刀具参数（Tool parameters）”对话框，选择直径为10mm的铣削刀具，并输入其他一些参数，如主轴转速（Spindle）、调整进给率（Feed rate）、插入速率（Plunge）、退刀速度（Retract）等。

② 单击“曲面参数（Surface parameters）”选项卡，定义并输入曲面轮廓精加工刀具参数。输入相应参数，主要包括Clearance Plane为60.0，Retract Plane为50.0，Feed Plane为5等。

③ 径向式精加工参数设置。

单击“精加工放射状参数（Finish radial parameters）”选项卡，设置Cut tolerance为0.1，Max. angle increment为2.0，Start distance为0.25，Cutting为Zigzag等。

完成以上参数设定后，单击“径向式粗加工参数”对话框中的“确定”按钮，输入加工起点（Enter an approximate starting point）后，系统自动进行计算，生成模具型面加工刀具轨迹。

3）加工过程仿真。加工过程仿真分为两种模式：一种是在所构造的三维实体图的基础上进行刀具路径模拟；另一种是在给定的实体上进行动态图形仿真，同时可以观察到加工表面的铣削效果。实体加工仿真过程介绍如下：

① 选择主功能菜单（MAIN MENU）中的“刀具路径（Toolpaths）”→“操作（Operations）”命令，弹出操作管理器。在操作管理器中单击“重绘刀具路径（Backplot）”按钮，弹出重绘刀具路径菜单，设置有关选项，单击“运行（Run）”按钮，绘出刀具路径，如图27.3-30所示。

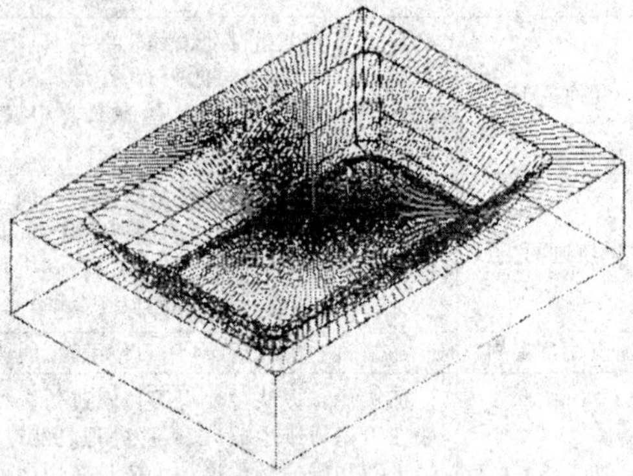

图27.3-30 绘制的刀具路径

② 在操作管理器中单击“检验（Verify）”按钮，弹出检验菜单，在菜单中选择“加工（Machine）”命令，进行实体仿真，如图27.3-31所示。

图27.3-31 加工的刀具轨迹仿真结果

4）后置处理和编辑NC程序。选择数控机床特性文件；执行后置处理程序，将刀具轨迹文件（.nci）转换为NC代码文件（.nc）。该零件的部分数控程序如下：

```
%
O0000
(PROGRAM NAME- EX2-2)
(DATE=DD-MM-YY-02-07-02 TIME=HH:MM-22:58)
N100 G21;
N102 G0 G17 G40 G49 G80 G90;
(TOOL-3 TOOL-1 DIA. OFF.-1 LEN.-1 DIA.-10.)
N104 T1 M6;
N106 G0 G90 G54; X-17.148 Y13.557
```

```
Z60.  A0.  S1000  M3;
    N108  G43  H1; Z60.
    N110  Z25.
    N112  G1  Z20.  F100.;
    N114  X27.365  F500.;
    N116  X29.535  Z19.734;
    N118  X31.716  Z18.878;
    N120  X33.667  Z17.425;
    N122  X34.345  Z16.551;
    N124  X34.364  Z16.536;
    N126  X34.773  Z16.002;
    N128  X35.159  Z16.5;
    N130  X50.127  Z42.426;
    N132  X50.158  Z42.5;
    ……
    N6502  X31.716  Y11.842  Z18.878;
    N6504  X29.535  Y11.918  Z19.734;
    N6506  X27.365  Y11.994  Z20.;
    N6508  X-17.148  Y13.548;
    N6510  G0  Z25.;
    N6512  Z60.;
    N6514  M5;
    N6516  G91  G28  Z0.;
    N6518  G28  A0.;
    N6520  M30;
    %
```

4.2.6 使用UG软件图形交互自动编程示例

由于所编制的数控加工程序可以用于各个数控系统，因此数控自动编程软件通常是先生成刀具位置数据文件，然后再根据各个数控系统的不同生成相应的加工程序。

（1）零件及其工艺简介

图27.3-32所示为要加工的叶轮零件的三维实体模型。由于要加工的叶轮零件形状十分复杂，所以不能采用固定轴方式进行加工，可以采用可变轴曲面轮廓铣加工。叶轮用五坐标数控机床加工，由于叶片的扭曲率很大，流道比较窄，所以刀具在叶片上及流道内要合理摆动，才能防止叶轮过切，并得到光顺的刀纹。

根据叶轮的几何结构特征和使用要求，其基本加工工艺流程为：①在锻压铝材上车削加工回转体的基本形状；②粗加工流道部分；③精加工流道部分；④叶片精加工；⑤对倒圆部分进行清根。

（2）叶片精加工

1）单击“程序顺序视图”按钮，进入程序视图

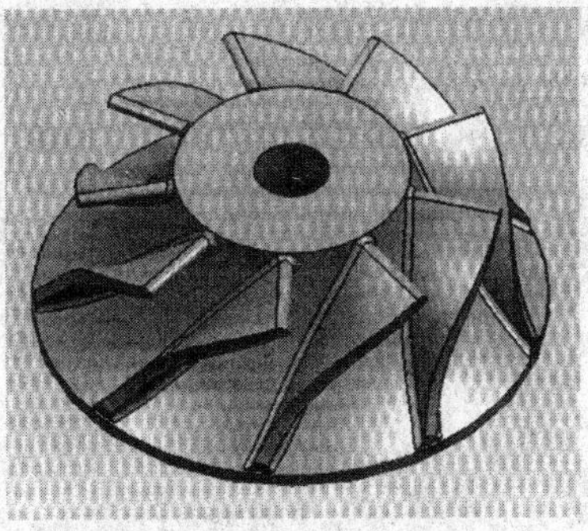

图27.3-32　叶轮零件三维实体模型

界面；然后单击工具条上的“创建操作”按钮，弹出“创建操作”对话框，在“子类型”选项组中单击第一排第一个按钮，其他参数设置如图27.3-33所示，设置完成后单击“确定”按钮。

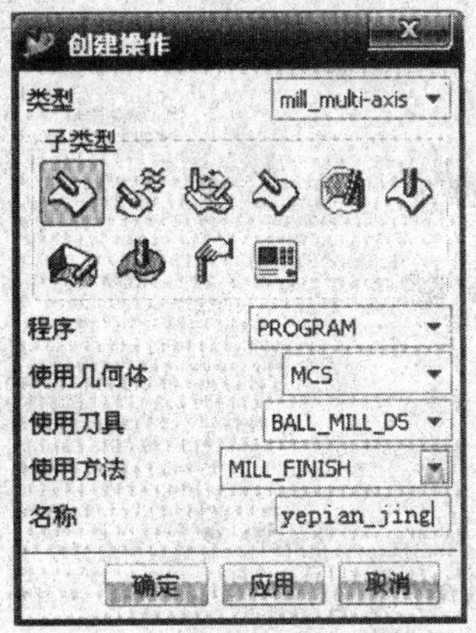

图27.3-33　创建叶片加工操作

2）在弹出的“VARIABLE_CONTOUR”对话框中单击“选择”按钮，弹出“工件几何体”对话框，选择叶轮后单击“确定”按钮。

3）在“驱动方式”下拉列表中选择“曲面区域”选项，弹出“曲面驱动方式”对话框。单击“驱动几何体”选项组中的“选择”按钮，弹出“驱动几何体”对话框，选择如图27.3-34所示的平面，单击“确定”按钮。在“刀轴”下拉列表中选择“侧刃驱动”方式，弹出“侧刃驱动”对话框，参数

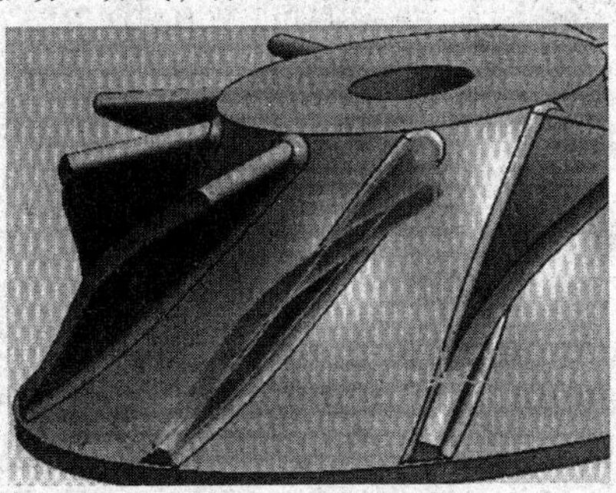

图27.3-34　叶片选择

设置如图 27.3-35 所示，单击“确定”按钮。在“投影矢量”下拉列表中选择“刀轴”方式。其他参数设置如图 27.3-36 所示，单击“确定”按钮。

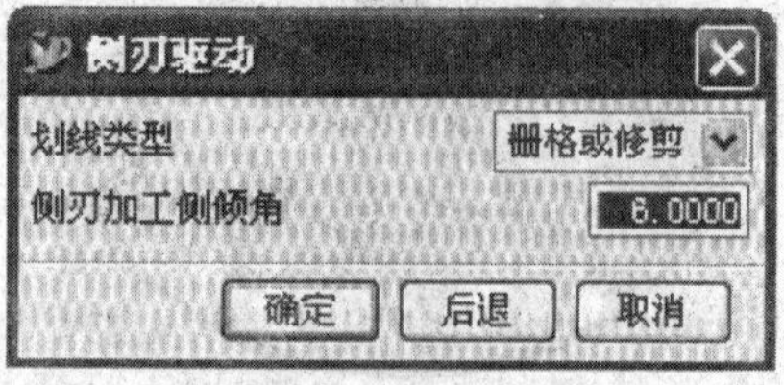

图 27.3-35　侧刃驱动参数

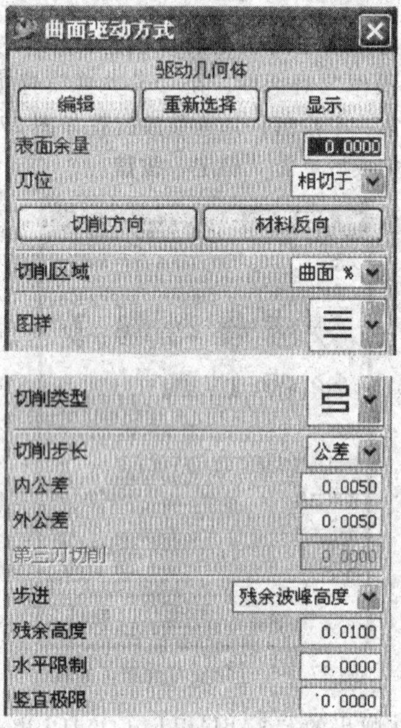

图 27.3-36　曲面驱动的方式参数

4）单击“生成”按钮，生成刀具轨迹。

（3）流道精加工

1）单击“程序顺序视图”按钮，进入程序视图界面；然后单击工具条中的“创建操作”按钮，弹出“创建操作”对话框，在“子类型”选项组中选择第一排第一个按钮，其他参数设置如图 27.3-37 所示，单击“确定”按钮。

2）在弹出的“VARIABLE_CONTOUR”对话框中单击“选择”按钮，如图 27.3-38 所示，弹出“工件几何体”对话框。单击菜单栏中的“格式”→“图层的设置”命令，将流道底面设置为可选，并选择流道底面，如图 27.3-39 所示，单击“确定”按钮。

3）在“驱动方式”下拉列表中选择“曲面区域”选项，弹出“曲面驱动方式”对话框。单击“驱动几何体”选项组中的“选择”按钮，弹出“驱动几何体”对话框，选择上一步所选择的平面，单击“确定”按钮。

图 27.3-37　创建流道加工操作

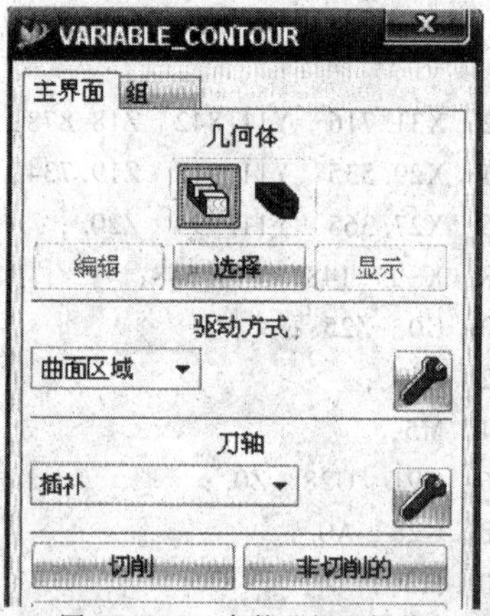

图 27.3-38　参数选择及操作

图 27.3-39　生成流道底面的曲面

4）在“刀轴”下拉列表中选择“差补”方式，弹出“差补刀轴”对话框。单击“添加”按钮，弹出“点构造器”对话框，定义好的刀轴矢量方向如图 27.3-40 所示。

5）其他参数设置如图 27.3-41 所示，设置完成后，单击“确定”按钮。

6）单击“生成”按钮，生成刀具轨迹，如图 27.3-42 所示。

所生成的刀具运动轨迹，经过后置处理就可以生成满足要求的数控加工程序。关于后置处理的配置以及加工过程仿真的实现过程，本部分不做论述。

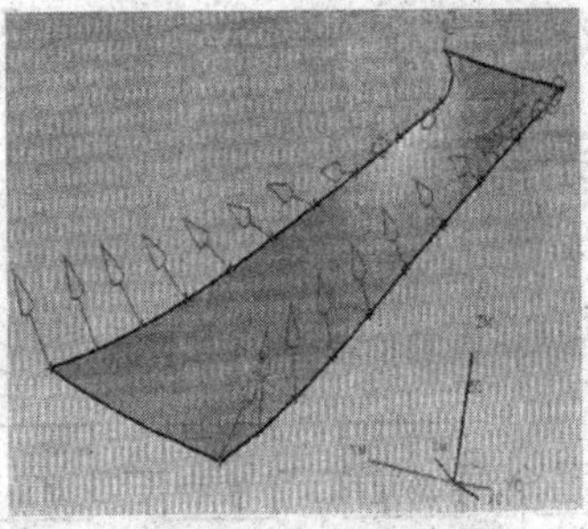

图 27. 3-40　定义的刀轴矢量方向

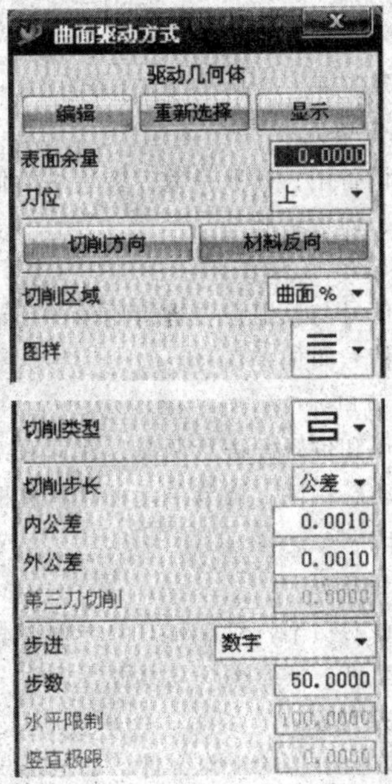

图 27. 3-41　曲面驱动方式参数

图 27. 3-42　生成的刀具轨迹

第4章　数控伺服系统

数控伺服系统的作用是用控制指令按给定运动速度和运动轨迹进行准确跟踪或准确定位。数控机床伺服系统是以机床移动部件的位置和速度为控制量的自动控制系统，又称随动系统。在CNC机床中，伺服系统接收计算机插补软件产生的进给脉冲信号或进给位移量，作为伺服控制器的指令信号，控制工作台的位移量。

伺服系统是数控装置与机床联系的重要环节。伺服系统的动态和静态性能决定了数控机床的性能，如数控机床的最大移动速度、跟踪精度和定位精度等。因此，高性能的伺服控制系统一直是现代数控机床的关键技术之一。

伺服驱动机构在进给伺服控制系统中扮演执行者的角色，早期多采用电液伺服驱动方式，其伺服执行元件采用液压元件，前级为电气元件，驱动元件为液动机和液压缸，常用的有电液脉冲马达和电液伺服马达。电液伺服驱动机构在低转速下可以输出很大的力矩，并具有刚性好、反应快和速度平稳等优点。但电液伺服驱动机构需要油箱和油管等供油系统，存在体积大、噪声大和油污染等问题，从20世纪70年代起逐渐被电气伺服机构所代替。电气伺服驱动机构全部采用电子器件和电动机部件，操作和维护方便，可靠性高，噪声小，无污染。早期的电气伺服驱动机构在低转速输出力矩和反应速度方面明显比不上电液伺服驱动机构，通过对电动机结构和电动机驱动线路的不断改进，这方面的性能已经大大改善。现在的数控系统几乎全部采用全电气伺服驱动机构，根据所配电动机，分为步进驱动、直流伺服驱动和交流伺服驱动三大类。

伺服系统，按照控制方式的不同，可分为开环系统和闭环系统；根据闭环系统中位置检测单元所在的位置不同，又可分为半闭环系统和全闭环系统；按照被调量的不同，可分为速度伺服系统和位置伺服系统；按照调节器的类型不同，可分为模拟型伺服系统、数字型伺服系统和模拟、数字混合型伺服系统；按照执行单元的不同，可分为交流伺服系统和直流伺服系统。

1　伺服驱动结构系统的组成

伺服系统由各功能单元组成，包括给定单元、比较单元、调节单元、执行单元、被控对象和检测单元等，其基本结构框图如图27.4-1所示。

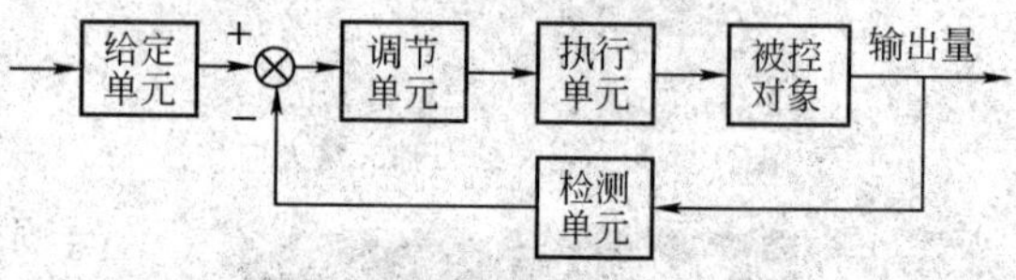

图27.4-1　伺服系统基本结构框图

（1）给定单元

在数控设备中，一般指数控装置供给伺服系统的输入给定值，即进给脉冲。

（2）比较单元

将输入信号与反馈信号进行比较的环节，从比较单元输出的信号叫偏差信号。

（3）调节单元

对速度环和位置环进行调节，使伺服系统具有较好的静态和动态特性。调节单元可以由模拟电路或微型计算机组成。

（4）执行单元

输出足够的功率，对控制对象进行控制。执行单元可以是电动机、液压或气动部件等。

（5）被控对象

一般指数控设备的工作部件，如数控机床的工作台。通常在执行单元和控制对象之间设置滚珠丝杠进行减速。

（6）检测单元

由各种传感器检测出速度和位置量，并反馈到比较单元中。

对数控伺服系统有以下几点要求：

1）要有高的动态和静态精度。

2）要有足够宽的调速范围（通常要求有1∶10000的调速范围）。

3）要有快的动态响应特性。

4）要有准确定位和负载运行时准确控制轨迹的功能，在低速时不产生爬行。

5）要有强的抗干扰和适应参数变化的能力。

2　开环伺服系统

2.1　概述

开环伺服系统的组成如图27.4-2所示。开环伺服系统可采用步进驱动机构，不配备位置和速度检测装置，信号流图是单向的。CNC 装置发送的指令脉冲，经驱动电路、功率步进电动机（或电液脉冲马达）、减速器、丝杠螺母副等转换为机床工作台的移动，没有位置和速度反馈回路及偏差校正能力。开环伺服系统的位置精度完全取决于步进电动机的步距精度和机械传动精度。普遍采用脉冲当量 δ 描述开环伺服系统的位置控制的分辨率和精度，脉冲当量 δ 定义为“每个指令脉冲对应的工作台直线位移量或角位移量”，一般取 0.01mm 或 0.001°，也可选用 0.005~0.002mm 或 0.005°~0.002°。δ 越小，开环伺服系统的分辨率和精度越高。开环伺服系统结构简单，调试维护方便，可靠性高，价格低廉，但精度较低，因此常应用在精度要求较低的设备中。

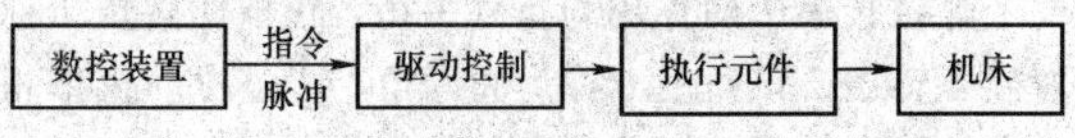

图 27.4-2　开环伺服系统的组成

步进驱动机构与数控系统采用脉冲增量插补算法相配合，选用功率步进电动机作为驱动元件，主要有反应式和混合式两种。混合式步进电动机在输出力矩、运行频率和升降速度等性能方面明显优于反应式步进电动机，但价格相对较高。步进驱动机构主要在开环伺服控制系统中使用。由于对数控加工精度要求的不断提高和交流伺服驱动机构性价比的不断提升，交流伺服驱动取代步进驱动已成必然。近年来出现的细分混合式步进电动机驱动器采用交流伺服控制原理，增加了全数字式电流反馈控制，三相正弦电流驱动输出，最大可达 10000 细分（最小步距角为 0.036°），并具有低速运行平稳、噪声小等优点，在开环伺服控制系统中得到了广泛应用。

2.2　步进电动机的工作原理

用于数控机床驱动的步进电动机主要有两类，即反应式步进电动机和混合式步进电动机。反应式步进电动机也称为磁阻式步进电动机。如图 27.4-3 所示为一台三相反应式步进电动机的工作原理，现以此为例说明步进电动机的工作原理。

如图 27.4-3 所示，步进电动机的定子上有六个极，每极上都装有控制绕组，每两个相对的极组成一相。转子是四个均匀分布的齿，上面没有绕组。当 A 相绕组通电时，因磁通总是沿着磁阻最小的路径闭合，将使转子齿 1、3 和定子极 A—A′对齐，如图 27.4-3a 所示。A 相断电，B 相绕组通电时，转子将在空间转过 θ_s 角（θ_s = 30°），使转子齿 2、4 和定子极 B—B′对齐，如图 27.4-3b 所示。如果再使 B 相断电，C 相绕组通电时，转子又将在空间转过 30°角，使转子齿 1、3 和定子极 C—C′对齐，如图 27.4-3c 所示。如此循环往复，并按 A→B→C→A 的顺序通电，步进电动机便按一定的方向转动。步进电动机的转速直接取决于绕组与电源接通或断开的变化频率。若按 A→C→B→A 的顺序通电，则步进电动机反向转动。步进电动机绕组与电源的接通或断开，通常是由电子逻辑电路来控制的。

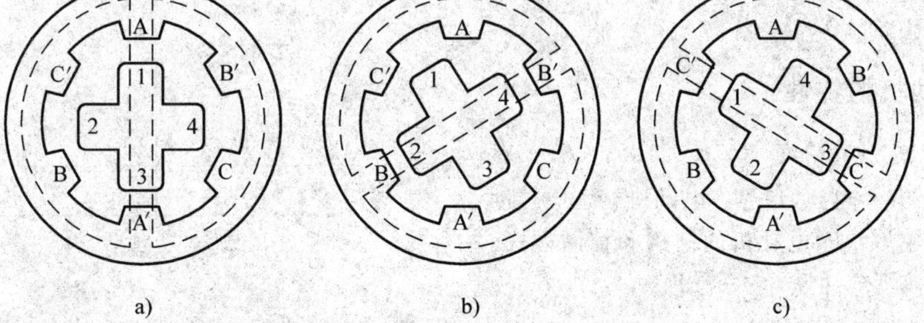

a)　b)　c)

图 27.4-3　反应式步进电动机工作原理

步进电动机定子绕组每改变一次通电方式，称为一拍。此时步进电动机转子转过的空间角度称为步距角 θ_s。如图 27.4-3 所示的通电方式称为三相单三拍。“单”是指每次通电时，只有一相绕组通电；“三拍”是指经过三次切换绕组的通电状态为一个循环，第四拍通电时就重复第一拍通电的情况。显然，采用这种通电方式时，三相步进电动机的步距角 θ_s 应为 30°。

三相步进电动机除了单三拍通电方式外，还经常工作在三相六拍通电方式下。这时通电顺序为 A→AB→B→BC→C→CA→A。也就是说，先接通 A 相绕组，再同时接通 A—B 相绕组，然后断开 A 相绕组，使 B 相绕组单独接通，再同时接通 B—C 相绕组，依此进行。在这种通电方式下，定子三相绕组需经过六次切换才能完成一个循环，故称为“六拍”，而且在通电时，有时是单个绕组接通，有时又是两个绕组同时接通，因此称为三相六拍。在这种通电方式下，步进电动机的步距角与单三拍时的情况有所不同。在单三拍通电方式中，步进电动机每经过一拍，转子转过的步距角 θ_s = 30°。采用单、双六拍通电方式后，步进电动机由 A 相绕组单独通电到 B 相绕组单独通电，中间还要经过 A、B 两相同时通电的状态，也就是说要经过二拍转子才转过 30°。所以在这种通电方式下，三相步进电动机的步距角 $\theta_s = 30°/2 = 15°$。

同一台步进电动机，因通电方式不同，运行时的步距角也不同。采用单、双拍通电方式时，步距角要比单拍通电方式减少一半。实际使用中，单三拍通电方式由于在切换时一相绕组断电而另一相绕组开始通电，容易造成失步。此外，由单一绕组通电吸引转子，也容易使转子在平衡位置附近产生振荡，运行的稳定性较差，所以很少采用。通常将其改成双三拍通电方式，即按 AB→BC→CA→AB 的通电顺序运行，这时每个通电状态均为两相绕组相同时通电。在双三拍通电方式下，步进电动机的转子位置与单、双六拍通电方式时两个绕组同时通电的情况相同，所以步进电动机按双三拍通电方式运行时，它的步距角和单三拍通电方式相同，也是 30°。

反应式步进电动机的转子齿数 z 基本由步距角的要求所决定，但是为了能实现“自动错位”，转子的齿数就必须满足一定条件，而不能为任意数值。当定子的相邻极属于不同的相时，在某一极下若定子和转子的齿对齐时，则要求在相邻极下的定子和转子之间应错开转子齿距的 $1/m$，即它们之间在空间位置上错开 $360°/(mz)$ 角。由此可得出转子齿数应符合的条件

$$z = 2p\left(K \pm \frac{1}{m}\right)$$

式中　$2p$——步进电动机的定子极数；

m——相数；

K——正整数。

2.3　步进电动机的特性

（1）步距角 θ_s 及其精度

步距角指每给一个脉冲信号，电动机转子应转过角度的理论值。它取决于电动机的结构和控制方式。步距角 θ_s(°) 可按下式计算

$$\theta_s = \frac{360}{mzk} \tag{27.4-1}$$

式中　m——定子相数；

z——转子齿数；

k——通电系数，若连续两次通电相数相同则为 1，若不同则为 2。

数控机床所采用步进电动机的步距角一般都很小，如 3°/1.5°、1.5°/0.75°、0.72°/0.36°等，它是代表步进电动机精度的重要指标。步进电动机空载且单脉冲输入时，其实际步距角与理论步距角之差称为静态步距角误差，一般控制在±（10′~30′）的范围内。

在数控系统中，根据脉冲当量来选用步距角。脉冲当量是由数控系统的精度确定的。当已经选择丝杠的导程和脉冲当量以后，可用下式确定其关系：

$$\theta_s = \frac{360°\delta_p}{h_{sp}i} = \frac{360°\delta_p}{kti} \tag{27.4-2}$$

式中　δ_p——直线脉冲当量；

h_{sp}——丝杠导程；

i——步进电动机与丝杠的传动比；

k——螺纹头数；

t——螺距。

（2）矩角特性和最大静转矩

当步进电动机处于通电状态时，转子处在不动状态，即静态。如果在电动机轴上施加一个负载转矩，转子会在载荷方向上转过一个角度 θ，转子因而受到一个电磁转矩 T 的作用与负载平衡。该电磁转矩 T 称为静态转矩，该角度 θ 称为失调角。步进电动机单相通电的静态转矩 T 随失调角 θ 的变化曲线称为矩角特性，如图 27.4-4 所示。当外加转矩取消后，转子在电磁转矩作用下，仍能回到稳定平衡点（$\theta = 0$）。矩角特性曲线上电磁转矩的最大值称为最大静转矩 T_{jmax}，多相通电时的最大静转矩 T_{jmax} 可根据单相矩角特性求出。T_{jmax} 是代表电动机承载能力的重要指标。

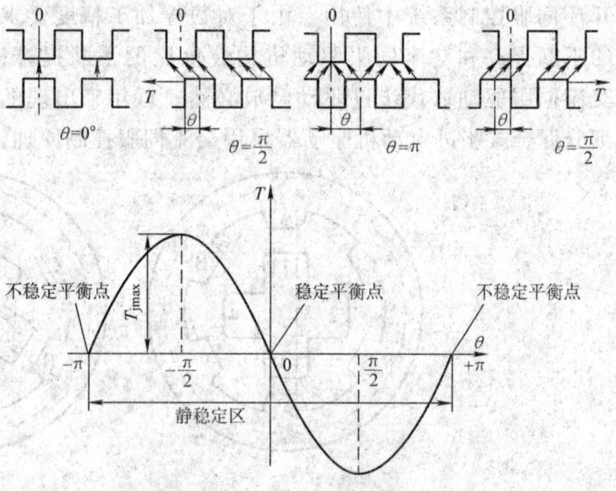

图 27.4-4　步进电动机的矩角特性

（3）起动转矩 T_q 和起动频率 f_q

如图 27.4-5 所示为三相步进电动机的各相矩角特性。图中相邻两条曲线的交点所对应的静态转矩是电动机运行状态的最大起动转矩 T_q，当负载力矩小于 T_q 时，步进电动机才能正常起动运行，否则将会造成失步。一般地，电动机相数的增加会使矩角特性曲线变密，相邻两条曲线的交点上移，会使 T_q 增加；采用多相通电方式，同样会使起动转矩 T_q 和最大静转矩 T_{jmax} 增加。

空载时，步进电动机由静止突然起动，并进入不失步的正常运行状态所允许的最高频率，称为起动频率或

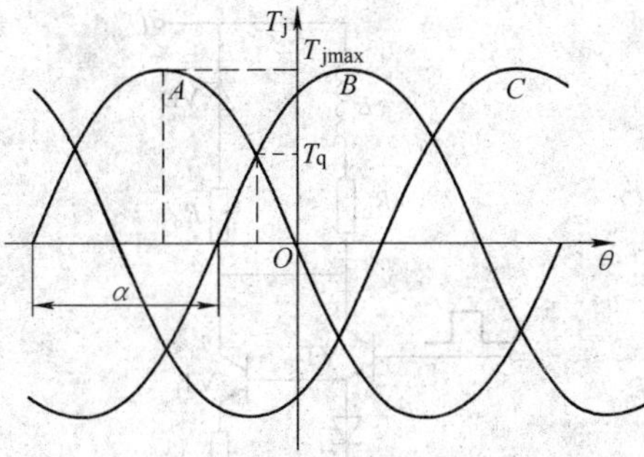

图 27.4-5　三相步进电动机的各相矩角特性

突跳频率。空载起动时，步进电动机定子绕组通电状态变化的频率不能高于该起动频率，原因是频率越高，电动机绕组的感抗（$x_L=2\pi fL$）越大，使绕组中的电流脉冲变尖，幅值下降，从而使电动机输出力矩下降。

一般来说，步进电动机的起动频率远低于其最高运行频率，很难满足对其直接进行起动和停止的要求，因此要利用软件加减速控制，又称分段加减速起动或停止，即在起动时使其运行频率分段逐渐升高，停止时使其运行频率分段逐渐降低。

(4) 运行矩频特性

运行矩频特性是描述步进电动机在连续运行时，输出转矩与连续运行频率之间的关系。它是衡量步进电动机运转时承载能力的动态指标，如图 27.4-6 所示。图中每一频率所对应的转矩称为动态转矩。从图中可以看出，随着运行频率的上升，输出转矩下降，承载能力下降。当运行频率超过最高频率时，步进电动机便无法工作。

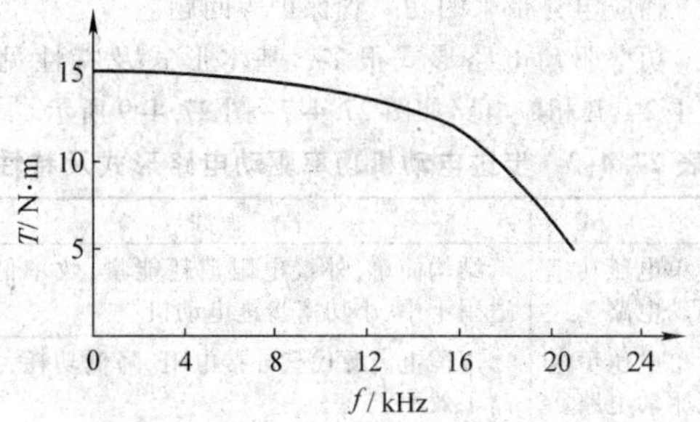

图 27.4-6　步进电动机的运行矩频特性

2.4　步进电动机的控制电路

步进电动机的驱动控制由环行分配器和功率驱动电路组成。

(1) 环形分配器

环形分配器的作用是把数控装置的插补脉冲，按步进电动机所要求的规律分配给步进电动机驱动电源的各相输入端，以控制励磁绕组的通断、运行及换向。当步进电动机在一个方向上连续运行时，其各相通断或脉冲分配是一个循环。常用的脉冲分配原则见表 27.4-1。

表 27.4-1　三相、四相步进电动机的脉冲分配原则

电动机相数	分配方式	各绕组导电顺序	特　性
三相	三相三拍	→A→B→C→	电源提供功率较小,转矩较小
	双三拍	→AB→BC→CA→	电源提供功率较大,转矩较大,工作频率较高时尤其明显
	三相六拍	→A→AB→B→BC→C→CA→	步距角小,精度高,电源提供功率介于上面两种之间,转矩大
四相	四相四拍	→A→B→C→D→	同三相
	四相八拍	→A→AB→B→BC→C→CD→D→DA→	同三相
	四相八拍	→AB→ABC→BC→BCD→CD→CDA→DA→DAB→	同三相

环行分配器的功能可由硬件或软件的方法来实现，分别称为硬件环行分配器和软件环行分配器。

1) 硬件环行分配器。硬件环行分配器的种类很多，它可由 D 触发器或 JK 触发器构成，亦可采用专用集成芯片或通用可编程逻辑器件。硬件环形分配器的设计方法是，首先根据绕组的通电方式写出真值表；由真值表写出函数式；利用布尔代数或卡诺图进行简化，最后得到逻辑电路。采用 JK 触发器时，还可以用时序电路设计法进行简化。目前市场上有许多专用的集成电路环行脉冲分配器，集成度高，可靠性好，有的还有可编程功能。

2) 软件环行分配器。用软件环行分配器只需编制不同的环行分配程序，将其存入数控装置的 EPROM 中即可。用软件环行分配器可以使线路简化，成本下降，并可灵活地改变步进电动机的控制方案。软件环行分配器的设计方法有多种，如查表法、比较法和移位寄存器法等，最常用的是查表法。

(2) 功率驱动电路

功率驱动作用是对环形分配器输出的微弱电流进行放大，产生步进电动机所需的电流。功率驱动电路的结构对步进电动机的工作性能有十分重要的作用。由于功放中的负载为步进电动机的绕组，是感性负载，故与一般功放的不同点是：较大电感影响快速性，感应电势带来的功率管保护等问题。

功率驱动电路形式很多，基本形式及特性见表 27.4-2。其相应电路如图 27.4-7~图 27.4-9 所示。

表 27.4-2 步进电动机功率驱动电路形式及特性

形　　式	特　　性
单电压功率驱动电路	结构简单，外接电阻消耗能量，效率低，适用于中、小功率步进电动机
单电压恒电流驱动电路	用恒电流源代替外接电阻，降低功耗，提高了效率
高低压功率驱动电路	起动时采用高电压，正常运行时转向低电压。各绕组接通时，电流上升快，高频时有较大的转矩，适用于中、大功率步进电动机。缺点是高低电压转换时电流不够平滑，影响电动机运行的平稳性
脉宽调制驱动电路	能克服高、低电压驱动电路的缺点，功耗低，有较高的效率和较大的转矩
细分驱动电路	通过控制绕组中电流的数值来调整步进电动机步距角的大小，控制精度高

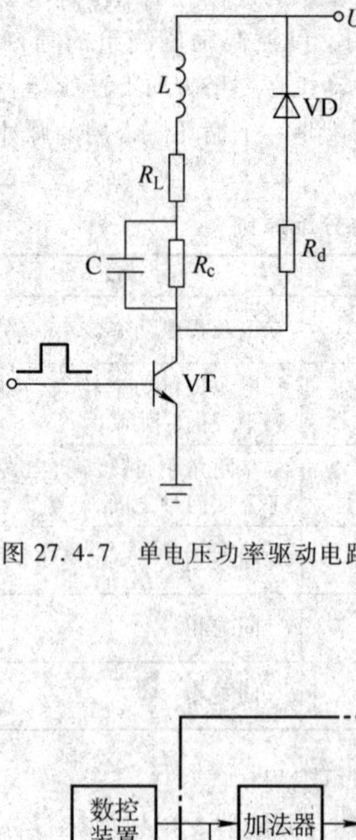

图 27.4-7 单电压功率驱动电路

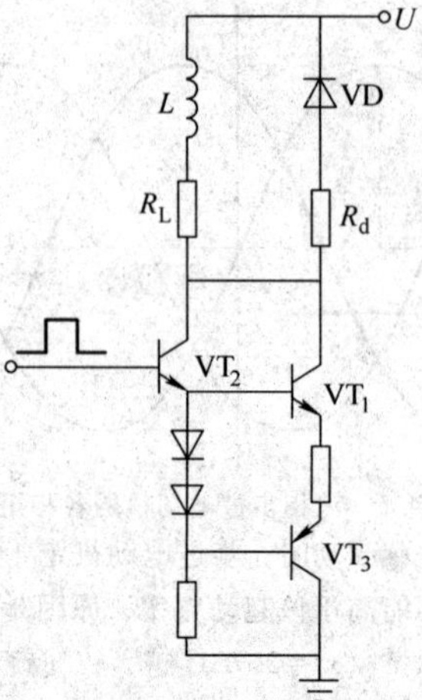

图 27.4-8 单电压恒电流驱动电路

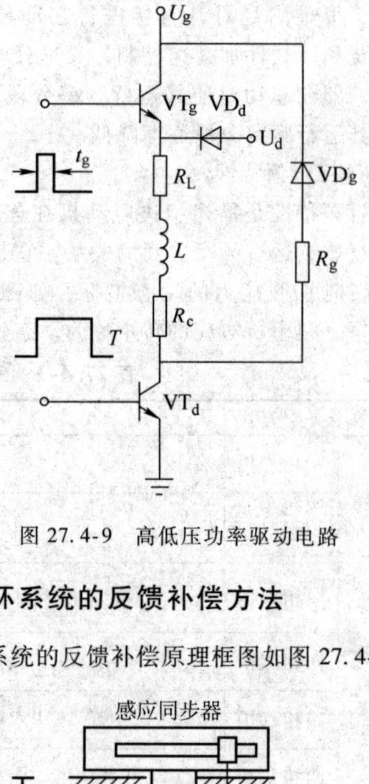

图 27.4-9 高低压功率驱动电路

2.5 开环系统的反馈补偿方法

开环系统的反馈补偿原理框图如图 27.4-10 所示。

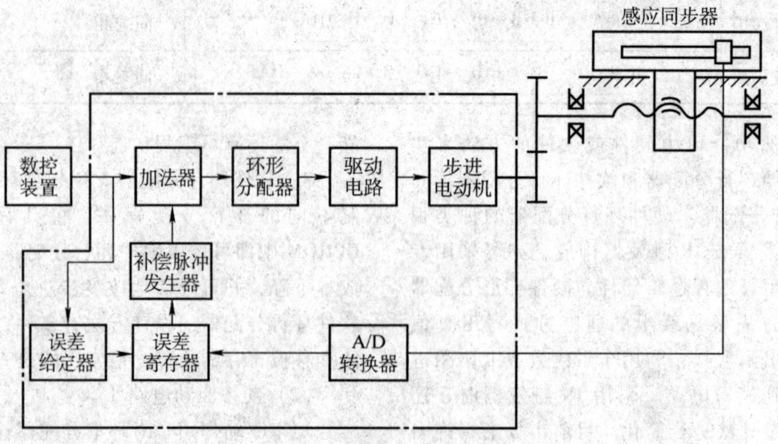

图 27.4-10 开环系统反馈补偿原理框图

在图 27.4-10 中，反馈回路并不是伺服系统的位置反馈，只是一个自动检测补偿误差的回路。当系统没有误差时，反馈回路没有信号产生，与一般开环系统相同。当系统有误差时，给出补偿脉冲，并与指令脉冲相加，实现误差的补偿。补偿脉冲包括步进电动机的步距误差、机械系统的误差（丝杠螺距、间隙误差）等。这种系统中，伺服回路和补偿回路的脉冲当量可以分别选定。

这种系统的稳定性相当于开环系统的稳定性，而其精度接近闭环系统的精度，是一种性能好、易调整的系统。

3　闭环伺服系统

3.1　概述

闭环伺服系统的原理框图如图 27.4-11 所示。

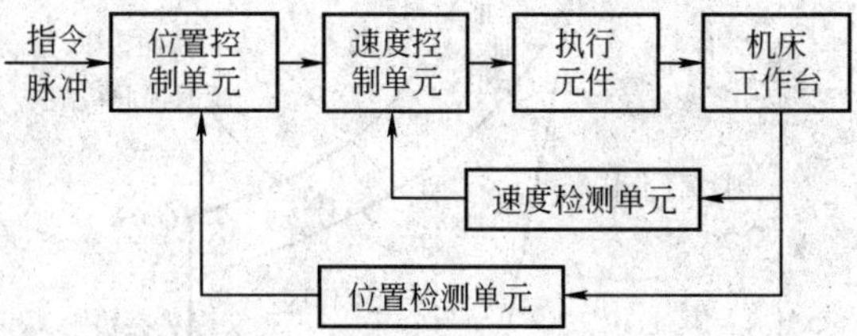

图 27.4-11　闭环伺服系统原理框图

数控伺服系统多数是位置伺服系统，因此，闭环系统一般有速度环和位置环。其中，速度环内还有电流环。位置环的反馈装置应直接安装在数控设备的工作台上。给定指令信号为要求工作台移动的位置信号，而位置反馈装置能测出工作台实际位移的反馈信号，两者进行比较后，作为伺服驱动系统的输入信号。为了获得较高的动态和静态性能，速度环控制是十分必要的。

在闭环系统中，机械传动系统的误差、间隙等都可以得到适当补偿。这种系统具有较高的精度，但成本较高，调试、维护比较困难。

如果位置反馈不包含设备本身，而将反馈装置安装在伺服电动机的输出轴上，就成为了半闭环系统，其原理框图如图 27.4-12 所示。

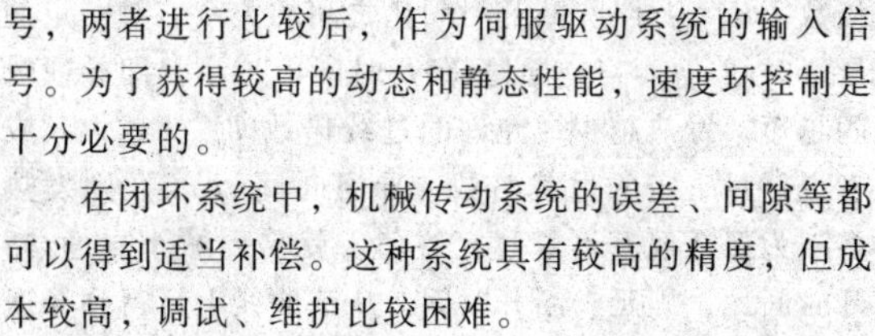

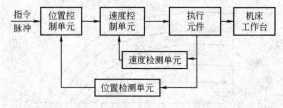

图 27.4-12　半闭环系统原理框图

半闭环伺服系统的精度及其技术难度都介于开环系统和闭环系统之间。

闭环位置伺服系统可以看成是在交、直流调速系统外面再加上一个位置环组成的交、直流闭环位置伺服驱动系统。

3.2　直流伺服电动机及其速度控制

直流伺服驱动机构在 20 世纪 70 年代到 80 年代中期的数控系统中占据主导地位。直流伺服电动机具有调速范围宽、输出力矩大、过载能力强等优良性能，而且大惯量直流伺服电动机的自身惯量与机床传动部件惯量相当，安装到机床上之后，数控系统几乎不需要再做调整，使用十分方便。此类电动机大多配备晶闸管桥式 SCR-D 调速装置，后来又发展了中、小惯量直流伺服电动机以及大功率晶体管脉宽调制（PWM）驱动装置。

直流伺服电动机主要由定子、转子和电刷三部分组成。定子的磁极磁场由定子的磁极产生。根据产生磁场的方式，将直流伺服电动机分为永磁式和电磁式。永磁式的磁极由永磁材料制成；电磁式的磁极由冲压硅钢片叠压而成，需要在励磁线圈中通直流电流才能产生恒定磁场。转子又叫电枢，由硅钢片叠压而成，表面嵌有线圈，通以直流电时，在定子磁场使用下产生带动负载旋转的电磁转矩。为使所产生的电磁转矩保持恒定方向，需要采用机械方式（电刷、换向片）换向。一般电刷与外加直流电源相接，换向片与电枢导体相接。直流伺服电动机的工作原理与普通直流电动机相同，只是为满足快速响应的要求，结构上细长一些。电磁式和永磁式直流伺服电动机的原理和接线如图 27.4-13 所示。

依据电机学原理，可推导出直流伺服电动机电磁转矩的计算公式，即

$$T = K_T I_c = C_m \Phi I_c \tag{27.4-3}$$

式中　Φ——电动机主磁通；

I_c——电动机电枢电流；

K_T——电动机转矩系数，表示单位电流所产生的转矩；

C_m——转矩常数，表示单位电流所产生的转矩，$C_m = \dfrac{pN}{2\pi a}$；

N——电枢导体的导体数；

p——极对数；

a——并联支路对数。

（1）直流伺服电动机机械特性

直流伺服电动机的机械特性描述了电磁转矩（T）与转速（n）之间的关系。依据电机学原理可推导出关系式

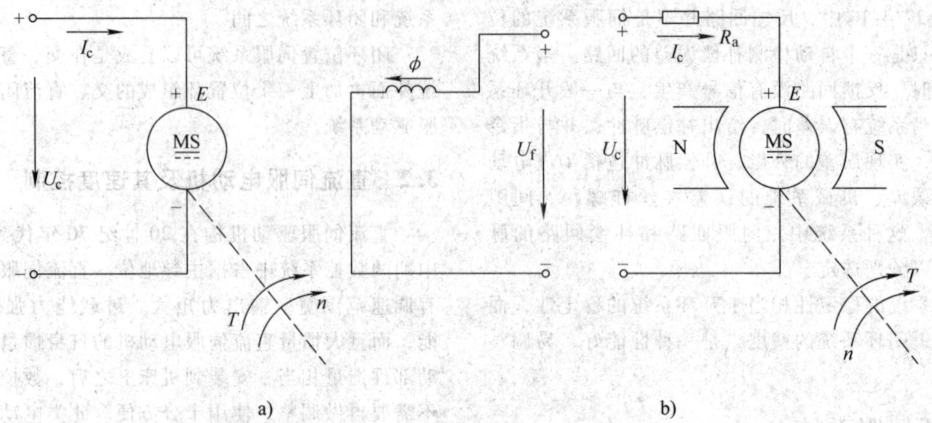

图 27.4-13　直流伺服电动机原理和接线
a）电磁式　b）永磁式

$$n=\frac{U_c}{C_e\Phi}-\frac{R_a}{C_eC_m\Phi^2}T \qquad (27.4\text{-}4)$$

式中　C_e——电动势常数；

R_a——电枢电阻。

如图 27.4-14 所示为直流伺服电动机机械特性曲线族。不同电枢电压对应于不同的曲线，各曲线是彼此平行的。将式中 $U_c/(C_e\Phi)$ 项称为“理想空载转速（n_0）”，而 $R_aT/(C_eC_m\Phi^2_{nom})$ 项称为转速降落（Δn）。当 $\Phi=\Phi_{nom}$ 时，如果令 $\beta=R_a/(C_eC_m\Phi^2_{nom})$，则式（27.4-4）可以简化为 $n=n_0-\beta T$，此处 β 为机械特性的斜率。从式（27.4-4）可以看出，β 与电枢回路总电阻 R 成正比，与额定磁通 Φ^2_{nom} 成反比。β 越大，机械特性曲线越向下垂，特性越“软”；β 越小，机械特性曲线越平，特性越“硬”。

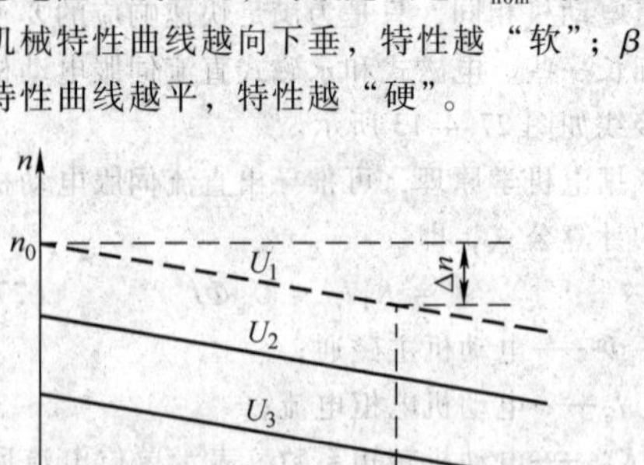

图 27.4-14　直流伺服电动机机械特性曲线族

如图 27.4-15 所示为直流伺服电动机速度-转矩关系曲线，这是机械特性的另一种表现形式。其中分为三个工作区，分别如下：

1）连续工作区Ⅰ。电动机通以连续工作电流，可长期工作，电流值受电动机发热极限所限。

2）断续工作区Ⅱ。电动机处于通、断状态不断变换的断续工作方式。整流子与电刷处在无火花换向区，可承受低速大转矩的工作状态。

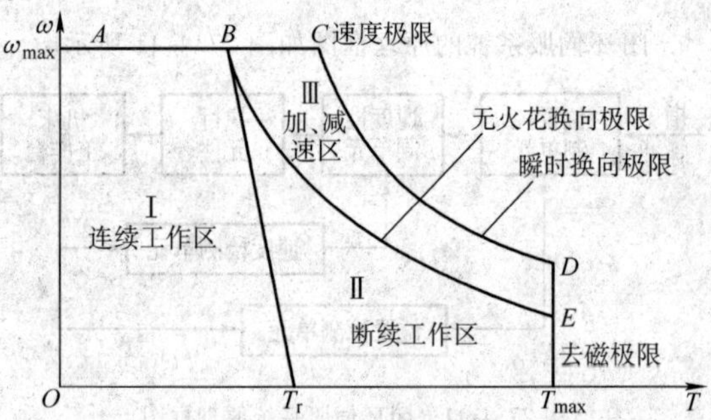

图 27.4-15　直流伺服电动机速度-转矩关系曲线

3）加、减速区Ⅲ。电动机只能用作加速或减速，工作一段极短的时间。

如图 27.4-16 所示为断续工作时允许的力矩过载倍数（dl）与导通/断开时间比之间的关系。对一定的导通时间 t_R 而言，导通/断开时间比越小，即导通时间越短，发热越少，允许的过载倍数 T_{md} 就越大。或者说，对一定的过载倍数，导通时间 t_R 长，则发热多。为保证温升不超过允许值，就需要减小导通/断开时间比，即延长断开时间。从该曲线上可得到导通时间、断开时间和力矩过载倍数三个重要参数。

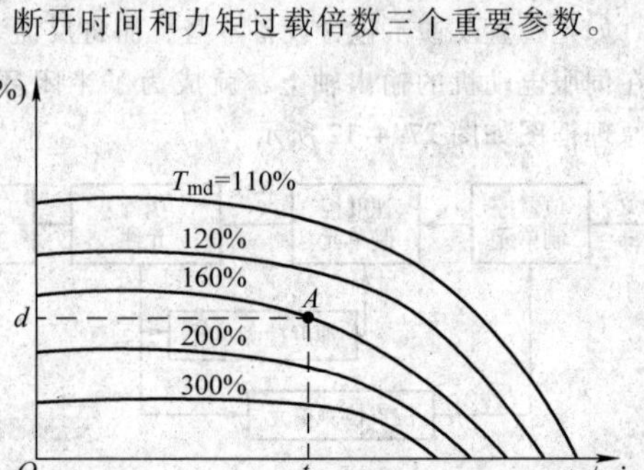

图 27.4-16　力矩过载倍数与导通/断开时间比之间的关系

(2) 直流伺服电动机调速控制

由直流伺服电动机的机械特性计算公式可知，调节电枢电压、励磁电流（电磁式）或电枢回路电阻均可实现直流伺服电动机的转速变化。一般采用调节电枢供电电压 U 和励磁磁通 Φ（仅限于电磁式）的方法来调节直流伺服电动机的转速，分别称为调压调速和调磁调速。如图 27.4-17 和图 27.4-18 所示分别为直流伺服电动机两种调速的特性。

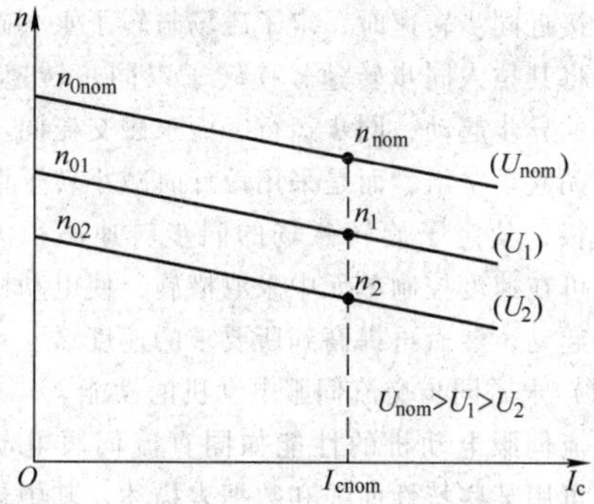

图 27.4-17　直流伺服电动机调压调速特性曲线族

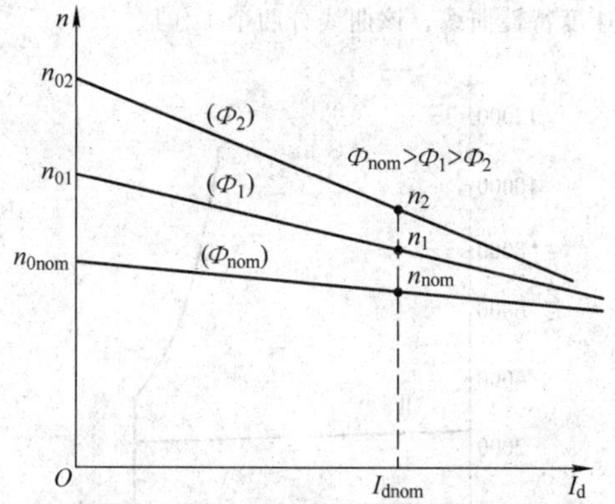

图 27.4-18　直流伺服电动机调磁调速特性曲线族

当改变电枢电压 U，而励磁电流保持在额定值（$\Phi = \Phi_{nom}$）时的电动机转速为

$$n = \frac{U_c}{C_e\Phi_{nom}} - \frac{R_a}{C_e\Phi_{nom}}I_c = n_0 - \Delta n \quad (27.4\text{-}5)$$

式（27.4-5）表明，改变电枢电压 U 时，理想空载转速 n_0 也将改变。由于 U 始终小于额定电压 U_{nom}，故 $n_0<n_{0nom}$，也就是说，此时电动机转速一定小于额定值 n_{0nom}。这就表明改变 U 只能实现向基速以下的调速。特性曲线斜率 β 与电压 U 无关，因此，随着 U 的降低，特性曲线将平行下移。另外，从电磁转矩 T 与电枢电流 I_c 的关系式（27.4-3）得出，在调速过程中，若保持电枢电流 I_c 不变，而 Φ 亦不变，则转矩为恒定值，可见调压调速法属于恒转矩调速。实现调压调速的装置很多，早期的晶闸管桥式直流电动机调速装置（SCR-D）主要用于大功率直流电动机（最大功率可达几千千瓦）调速，目前对中、小功率直流电动机（几十千瓦以内）则普遍采用晶体管脉冲宽度调速、直流电动机调速系统（PWM-D）。与早期的晶闸管直流电动机调速装置相比，PWM-D 具有功率元件少（仅为晶闸管的 1/6～1/3）、控制线路简单（不存在相序问题，不需要烦琐的同步移相触发控制电路）、频带宽、动态响应好、低速性能好、调速范围宽及耗电省等优点。

当改变励磁电流即改变磁通时，通常保持电枢电压 $U=U_{nom}$ 不变，而励磁电流总是向减小调整，即 $\Phi \leqslant \Phi_{nom}$。根据机械特性，此时的 n_0 将随 Φ 的下降而上升，机械特性斜率 β 将变大，机械特性将变“软”。调速的结果是减弱磁通将使电动机转速升高。同样，从电磁转矩 T 与电枢电流 I_c 的关系式（27.4-3）得出，在调磁调速中，即使保证电枢电流 I_c 不变，由于 Φ 的下降，电动机输出转矩也将下降，故不再是恒定转矩调速。由于调速过程中电压 U 不变，若电枢电流也不变，则调速前、后电功率是不变的，故调磁调速属于恒功率调速。调磁调速因其调速范围较小常作为调速的辅助方法，主要采用调压调速方式。若采用调压与调磁两种方法互相配合，则既可获得很宽的调速范围，又可充分利用电动机的容量。

改变电枢回路电阻的调速方式一般是在电枢回路中串接附加电阻，只能进行有级调速，并且附加电阻上的损耗较大，电动机的机械特性较软，一般只应用于少数小功率场合。

3.3　交流伺服电动机及其速度控制

由于直流伺服电动机存在机械（电刷、换向器）换向缺点，人们一直试图使用交流电动机代替直流电动机，但交流电动机的调速性能与直流电动机存在相当大的差距。直到 20 世纪 80 年代，由于交流伺服驱动在材料、结构以及控制理论与方法上均有了突破性进展，微电子技术和功率半导体器件的发展又创造了实现交流调速控制技术的条件，才使得交流伺服驱动技术迅速发展，并逐渐取代了直流伺服驱动。交流伺服电动机不需要维护，制造简单，适合在恶劣环境下工作。目前，技术发达国家生产的交流伺服驱动机构已实现全数字化。在伺服机构中，除驱动级外，全部功能均由内部专用的微处理器完成，前馈控制、优化控制和各种补偿等均可高速实现，性能已经完全达到或超过直流伺服驱动机构。

交流伺服电动机，特别是笼型感应电动机，没有直流电动机所具有的电刷，且无换向器磨损问题，无需经常维护，也无因换向时产生火花使电动机转速受限，从而限制使用环境等问题。交流伺服电动机转子惯量较直流伺服电动机小，动态响应好，在同样体积下，交流伺服电动机输出功率可比直流伺服电动机提高 10%~70%。

交流伺服电动机有异步型交流伺服电动机和同步型交流伺服电动机。异步型交流伺服电动机指交流感应电动机，有三相和单相之分，也有笼型和线绕式之分。通常采用笼型三相感应电动机，其结构简单、质量轻、价格便宜，但不能经济地实现大范围平滑调速，必须从电网吸收滞后的励磁电流，这样会降低电网的功率因数；同步型交流伺服电动机是指永磁式交流伺服电动机，虽较感应电动机复杂，但运行可靠，效率较高，缺点是体积大，起动特性欠佳。永磁同步电动机主要由三部分组成，即定子、转子和检测元件(转子位置传感器和测速发电机)。其中，定子有齿槽，内有三相绕组，形状与普通感应电动机的定子相同，但其外圆一般呈多边形显示，且无外壳，利于散热，可避免电动机发热对机床精度的影响。转子由多块永久磁铁和铁心组成，气隙磁密较高，极数较多。同一种铁心和相同的磁铁块数可以装成不同的极数。

如图 27.4-19 所示，当定子三相绕组通上交流电源后，一个二极永磁转子（也可以是多极的）就产生了一个旋转磁场（图中用另一对旋转磁极表示），该旋转磁场将以同步转速 n 旋转。由于磁极同性相斥，异性相吸，定子旋转磁极与转子的永磁磁极互相吸引，并带着转子一起旋转，因此，转子也将以同步转速 n_S 与旋转磁场一起旋转。当转子加上负载转矩之后，转子磁极轴线将落后定子磁场轴线一个 α 角，随着负载增加，α 角也随之增大，负载减小时，α 角也减小，只要不超过一定限度，转子始终跟着定子的旋转磁场以恒定的同步转速 n_S 旋转。

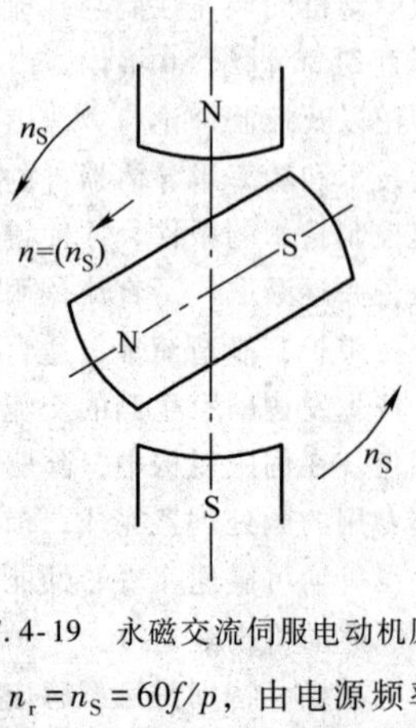

图 27.4-19　永磁交流伺服电动机原理

转子速度 $n_r = n_S = 60f/p$，由电源频率 f 和磁极对数 p 所决定。当负载超过一定极限后，转子不再按同步转速旋转，甚至可能不转，这就是同步电动机的失步现象，此负载的极限称为最大同步转矩。永磁同步电动机起动困难，不能自起动的原因有两点：一是由于本身存在惯量，虽然当三相电源供给定子绕组时已产生旋转磁场，但转子仍处于静止状态，由于惯性作用跟不上旋转磁场的转动，在定子和转子两对磁极之间存在相对运动时，转子受到的平均转矩为 0；二是定子、转子磁场之间转速相差过大。为此，在转子上装有起动绕组，且为笼型起动绕组，使永磁同步电动机像感应异步电动机那样产生起动转矩，当转子速度上升到接近同步转速时，定子磁场与转子永久磁极相吸引，将其拉入同步转速，使转子以同步转速旋转，即所谓的异步起动，同步运行。而永磁交流同步电动机中多无起动绕组，而是采用设计时减小转子惯量或采用多极，使定子旋转磁场的同步转速不很大。另外，也可在速度控制单元中采取措施，使电动机先在低速下起动，然后再提高到所要求的速度。

(1) 永磁同步交流伺服电动机的性能

交流伺服电动机的性能如同直流伺服电动机一样，也可用某些特性曲线和数据表描述。其中最为重要的是电动机的工作曲线，即如图 27.4-20 所示的转矩-速度特性曲线，该曲线分两个工作区。

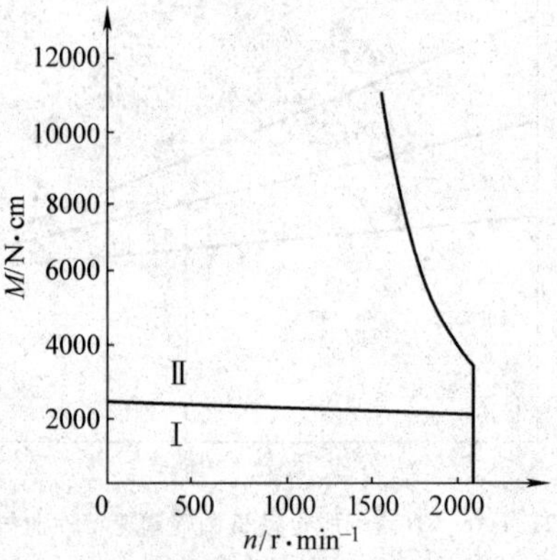

图 27.4-20　永磁交流伺服电动机转矩-速度特性曲线

Ⅰ—连续工作区　Ⅱ—断续工作区

1) 连续工作区Ⅰ。速度和转矩的任何组合都可连续工作。但连续工作区的划分受到一定条件的限制，主要有两个条件：一是供给电动机的电流必须是理想正弦波；二是电动机必须工作在某一特定的温度下（不同温度对应不同的连续工作极限线)。

2) 断续工作区Ⅱ。断续工作区的极限受电动机供电电压的限制，交流伺服电动机机械特性比直流伺服电动机机械特性“硬”，更接近水平线。此外，断续工作区范围大，尤其在高速区，有利于提高电动机的加、减速能力。

(2) 交流伺服电动机调速

依据电机学原理，交流伺服电动机的同步转速

n_0(r/min) 为

$$n_0 = \frac{60f_1}{p} \qquad (27.4\text{-}6)$$

异步伺服电动机的转速 n(r/min) 为

$$n = \frac{60f_1}{p}(1-s) = n_0(1-s) \qquad (27.4\text{-}7)$$

式中　f_1——定子供电频率（Hz）；

p——电动机定子绕组磁极对数；

s——转差率。

由式（27.4-7）可知，调节交流伺服电动机转速可采用以下几种方法：

1）改变磁极对数 p（变极调速）。

2）改变转差率 s（变转差率调速）。

3）改变定子供电频率 f_1（变频调速）。

在以上三种调速方式中，变频调速方式是最理想的调速方法。这种调速方式通过平滑调节定子供电电压频率，使交流电动机转速平滑变化。由于交流电动机从高速到低速转差率都很小，因而可使变频调速的效率和功率因数都很理想，因而这种调速方式广泛应用于交流电动机调速。

（3）交流电动机的控制方式

每台电动机都有额定转速、额定电压、额定电流和额定频率。国产电动机的额定电压通常是 220V 或 380V，额定频率为 50Hz。当电动机在额定值运行时，定子铁心达到或接近磁饱和状态，电动机温升在允许的范围内，其连续运行时间可以很长。在变频调速过程中，电动机运行参数发生了变化，这可能破坏电动机内部的平衡状态，严重时会损坏电动机。由电机学原理可知：

$$U_1 \approx E_1 = 4.44 f_1 N_1 K_1 \Phi_m \qquad (27.4\text{-}8)$$

$$\Phi_m \approx \frac{1}{4.44 N_1 K_1}\frac{U_1}{f_1} \qquad (27.4\text{-}9)$$

$$T_m = C_m \Phi_m I_2 \cos\varphi_2 \qquad (27.4\text{-}10)$$

式中　U_1——定子每相相电压；

E_1——定子每相绕组感应电动势；

f_1——定子供电电压频率；

N_1——定子每相绕组匝数；

K_1——定子每相绕组等效匝数系数；

Φ_m——每极气隙磁通量；

T_m——电动机电磁转矩；

I_2——转子电枢电流；

φ_2——转子电枢电流的相位角。

由于 N_1、K_1 为常数，Φ_m 与 U_1/f_1 成正比，当电动机在额定参数下运行时，Φ_m 达到临界饱和值，即 Φ_m 达到额定值 Φ_{mN}。而在电动机工作过程中，要求 Φ_m 必须在额定值以内，以 Φ_m 的额定值为界限，供电频率低于额定值 f_{1N} 时，称为基频以下调速，高于额定值 f_{1N} 时，称为基频以上调速。

1）基频以下调速。由式（27.4-9）可知，当 Φ_m 处在临界饱和值不变时，降低 f_1，必须按比例降低 U_1，以保持 U_1/f_1 为常数。若 U_1 不变，则使定子铁心处于过饱和供电状态，不但不能增加 Φ_m，而且会烧坏电动机。

当在基频以下调速时，Φ_m 保持不变，即保持定子绕组电流不变，电动机的电磁转矩 T_m 为常数，称为恒转矩调速，满足数控机床主轴恒转矩调速运行的要求。

2）基频以上调速。当在基频以上调速时，频率高于额定值 f_{1N}，受电动机耐压的限制，相电压 U_1 不能升高，只能保持额定值 Φ_{mN} 不变。在电动机内部，由于供电频率的升高，使感抗增加，相电流降低，使 Φ_m 减小，由式（27.4-9）可知，输出转矩 T_m 减小，但因转速提高，使输出功率不变，因此称为恒功率调速，亦满足数控机床主轴恒功率调速运行的要求。

当频率很低时，定子阻抗压降已不能忽略，必须人为地提高定子电压 U_1，用以补偿定子阻抗压降。如图 27.4-21 所示为交流电动机变频调速的特性曲线。

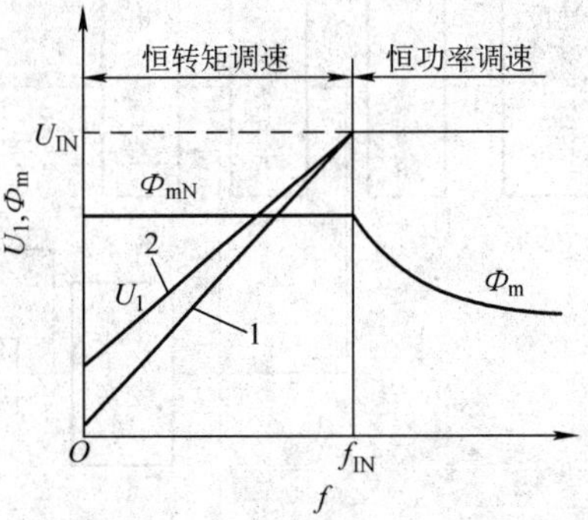

图 27.4-21　交流电动机变频调速的特性曲线

（4）正弦波脉宽调制（SPWM）变频器调速

正弦波脉宽调制（SPWM）变频器调速是通过“交-直-交”变换完成定子供电频率的变换，从而实现调速的。它先将电网提供的 50Hz 三相交流电经整流变压器变到所需电压后，经二极管整流和电容滤波，形成恒定直流电压，再送入由六个大功率晶体管（每两个晶体管控制其中一相）构成的逆变器主电路，输出三相频率和电压均可调整的等效正弦波脉宽调制（SPWM）波，从而实现三相异步电动机的变频调速。

SPWM 变频调速器结构简单，电网功率因数接近 1，且不受逆变器负载大小的影响。系统动态响应快，输出波形好，使电动机可在近似正弦波的交变电压下运行，脉动转矩小，扩展了调速范围，提高了调速性能，因此在数控系统的交流伺服驱动中得到了广泛应用。SPWM 波形是由变频调速器中的 SPWM 逆变器产生的，其工作原理是把一个正弦半波分成 N 等份，然后把每一等份的正弦曲线与横坐标轴所包围的面积都用一个与此面积相等的等高矩形脉冲来代替，这样可得到 N 个等高而不等宽的脉冲序列对应着一个正弦波的半周，对正、负半周都这样处理，即可得到相应的 $2N$ 个脉冲，这就是与正弦波等效的正弦脉宽调制波，其波形如图 27.4-22 所示。其中，图 27.4-22a 所示为正弦波的正半波波形，图 27.4-22b 所示为等效的 SPWM 波形。

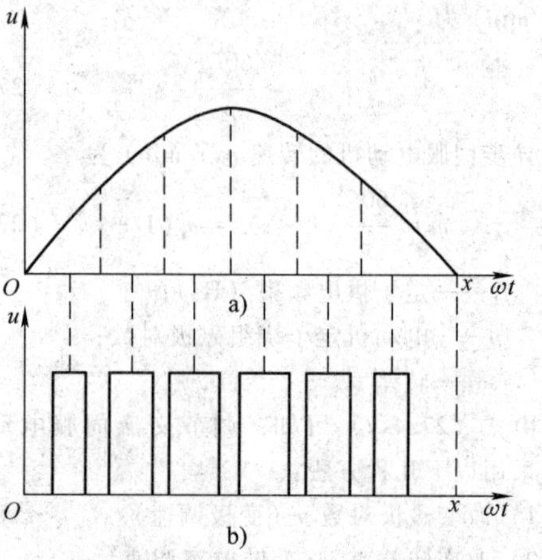

图 27.4-22 与正弦波等效的 SPWM 波形
a）正弦波的正半波波形 b）等效的 SPWM 波形

如图 27.4-23 所示为 SPWM 变频调速系统框图。速度（频率）给定器设定给定值，用以控制频率、电压及正、反转；平稳起动回路使起动加、减速时间可随机械负载情况设定，达到软起动的目的；函数发生器的作用是在输出低频信号时，保持电动机气隙磁通一定，补偿定子电压降的影响。电压频率变换器将电压转换为频率，经分频器、环形计数器产生方波，与三角波发生器产生的三角波一并送入调制回路；电压调节器产生频率与幅度可调的控制正弦波，送入调制回路，它和电压检测器构成闭环控制；在调制回路中进行 PWM 变换，产生三相脉冲宽度调制信号；在基极回路中输出的信号送至功率晶体管基极，通过控制 SPWM 主回路，实现对永磁交流伺服电动机的变频调速；电流检测器用于过载保护。

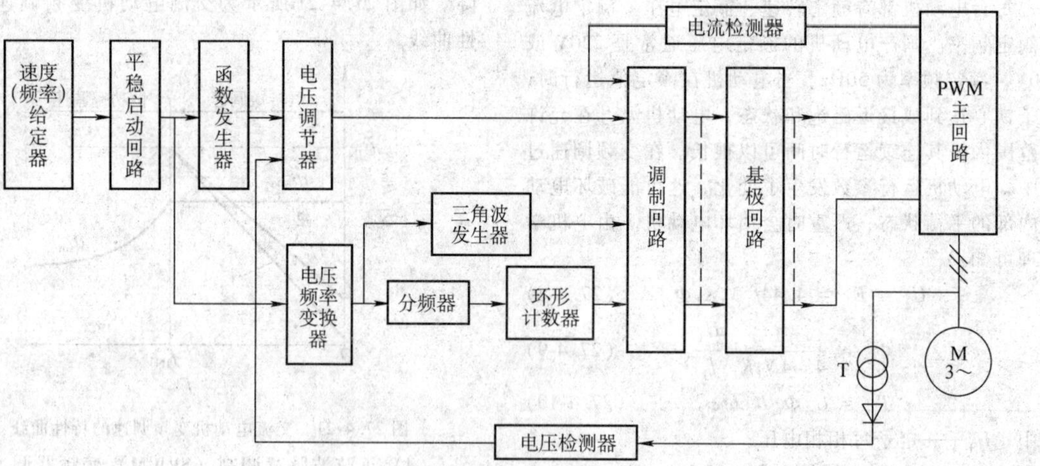

图 27.4-23 SPWM 变频调速系统框图

第 5 章　数控检测装置

1　概述

多数开环数控系统是采用步进电动机、电液脉冲马达等伺服驱动元件，按照数控装置输出的指令脉冲进行工作的。每一个脉冲产生对应的位移，一般无需使用位置检测装置。与此相反，在闭环及半闭环系统中，通常采用交流或直流伺服电动机来驱动被控对象。为了保证其位置控制的精度，必须引入反馈信息，因此，位置检测装置就成为不可缺少的关键部件。

1.1　位置检测装置的分类

根据测量要求和工作条件的不同，数控系统中位置检测装置的分类如图 27.5-1 所示。

- 位置检测装置
  - 模拟式
    - 增量型
      - 直接检测类
        - 直线式感应同步器
        - 磁尺
      - 间接检测类
        - 旋转变压器
        - 旋转式感应同步器
        - 回转型磁尺
    - 绝对型
      - 直接检测类——三重式直线感应同步器
      - 间接检测类
        - 多级旋转变压器
        - 旋转变压器组件
        - 三重式旋转感应同步器
  - 数字式
    - 增量型
      - 直接检测类——长光栅
      - 间接检测类
        - 光电盘
        - 圆光栅
    - 绝对型
      - 直接检测类——多通道透射光栅
      - 间接检测类——编码盘

图 27.5-1　位置检测装置的分类

（1）模拟式、数字式检测装置

模拟式检测装置所测得的被测量是连续变化的物理量，用它实现大量程精确测量较为困难；而数字式是将被测量量化，以数字形式表示，其测量精度将随着量化当量减小而提高。

（2）增量型、绝对型检测装置

增量型检测装置主要检测位移增量，它比较简单，无需设置固定零位，大都应用于连续控制的数控系统中，但是一旦检测有误，必须从起始点重新测量、计数；而绝对型检测装置必须事先设置零位，且当被测位移量越大、测量精度要求越高时，所需数码位数也越多，装置结构也就越复杂。

（3）直接位置、间接装置检测装置

直接位置检测装置直接安装于被测位移量的工作部件上，所测得的位移量无需任何转换。其检测精度高，但可测量程必须和被测量等长，因此给装置的制造、使用和精度要求带来困难；而间接位置测量装置所测得的角位移信号必须经过转角/位移的信号转换，由此会引入误差而影响测量精度，但其使用方便，可靠，无检测长度限制。

1.2　对位置检测装置的要求

数控系统对位置检测装置有如下要求。

（1）高可靠性

在规定的工作环境下，能可靠并长时间连续使用。

（2）高分辨能力

数控系统应用于不同类型的工作机械时，其对精度和速度的要求是不同的。目前，数控系统正向着高精度、高速度方向发展，其关键是取决于位置检测装置的分辨能力，目前可以达到的指标是：测量精度为 ±(0.001 ~ 0.02)mm/m，分辨力为 0.001 ~ 0.01mm，最大移动速度为 10 ~ 15m/min。

（3）高稳定性

要求测量输出值受温度影响小，抗干扰能力强，并能长期保持检测精度。

（4）其他

还要求维修方便、成本低、体积小、使用简单等。

2　光电盘和编码盘

在数字型角位移检测装置中，目前使用较多的是光电式码盘。它一般分为增量型光电盘和绝对型编码盘，其输出的均为脉冲信号。

2.1　光电盘

光电盘的工作原理比较简单（见图 27.5-2），即在圆盘上有规则地相间刻画辐射状透光狭缝或黑白线条，利用光源直射或反射原理，当圆盘旋转时，产生周期为 T 的正弦交变光信号，再经过整形、放大，变换为一系列电脉冲，因此它也被称为光电脉冲发生器。

圆盘每转一圈发出的一个基准信号 D'，称为同步脉冲（或零位脉冲），用作参考坐标的原点返回或循环操作的起点标志，其他两路输出脉冲信号 S_1' 和 S_2' 相位差为 $T/4$，根据它们之间的相位超前与滞后关系，可以由硬件或软件直接判别光电盘的转向。

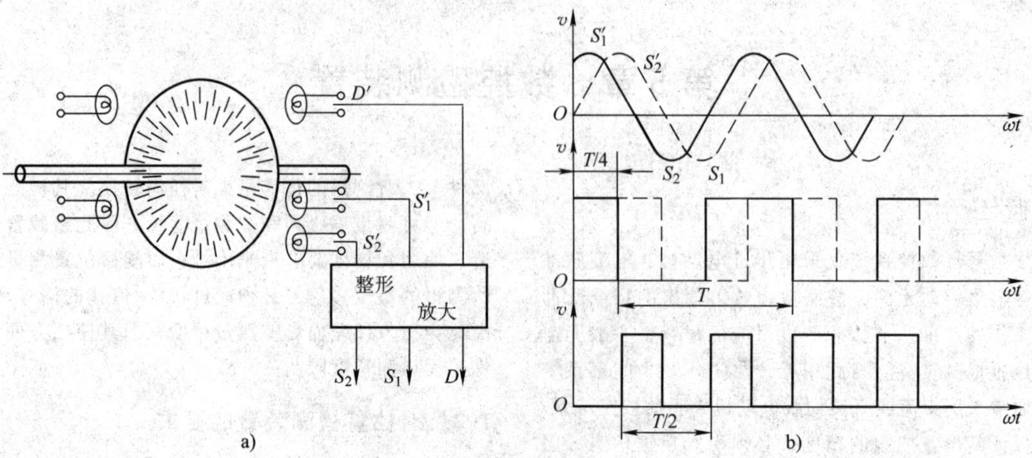

图 27.5-2 光电盘工作原理

a）原理图 b）波形图

目前在数控系统中应用的增量型光电盘，每转脉冲可有 2000、2500、3000、4000 个等几种，最高每转脉冲数可达 2×10^6 个。

2.2 编码盘

编码盘是一种绝对位置检测装置，它的种类较多，常用的是光电编码盘。其工作原理与光电盘相似，只是按二进制编码规则在圆盘上相间刻画透光狭缝或黑白线条。有时为了避免差错及读数模糊，还可以采用循环二进制或二—十进制编码方法，如图 27.5-3 所示。利用如图 27.5-4 所示的光电转换电路原理，可以从编码圆盘上直接读出数码。其角度分辨

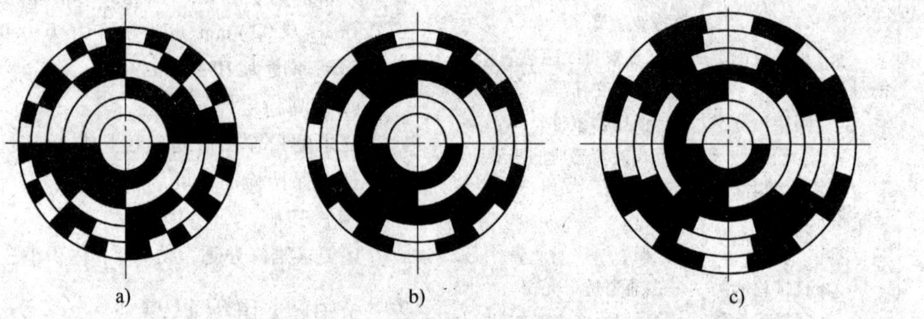

图 27.5-3 编码盘

a）二进制 b）循环二进制 c）循环二—十进制

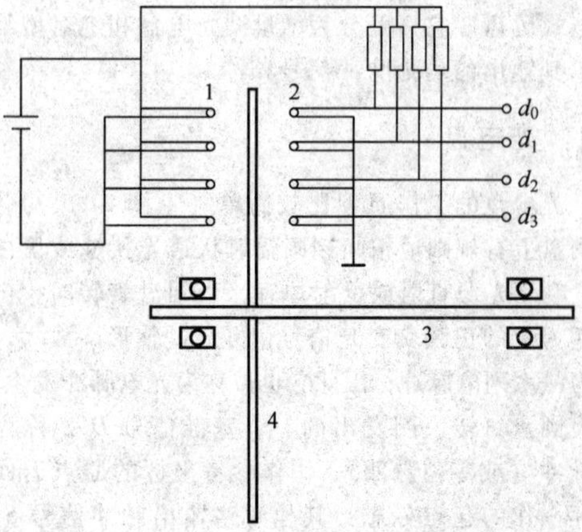

图 27.5-4 光电转换电路原理

1—光源 2—光电晶体管 3—轴 4—码盘

力由线条码道数来决定，码道越多，容量越大，分辨力也越高。n 个码道的角度分辨率为 $360°/2^n$，当 $n=10$ 时，约为 0.36°。光电编码盘无接触点，转速可高达5000r/min，所需转动力矩很小，又无需初始化位置，与微机控制配合使用更为方便而有效。其缺点是结构较复杂，不宜应用于有噪声（如步进电动机驱动等）的场合，并当出现振动时，精度会大大下降，光源寿命缩短。光电盘的精度不及编码盘，但其结构简单，价格便宜，比较适用于精度要求不太高的场合。

除上述光电编码盘以外，在结构上相似的还有接触式和电磁感应式编码盘。接触式编码盘的圆盘是由导电部分和绝缘部分相间组成，并通过导电电刷取得信号；感应式编码盘则是用直径 1.4~2mm 的永久磁

铁等距嵌在圆盘周围代替透光狭缝，并用霍尔元件的磁电效应取得信号。接触式编码盘体积小，输出信号强，无需放大，但由于电刷磨损，所以寿命不长，转速也不能太高。电磁感应式编码盘也是一种无接触式编码盘，所以寿命长，精度高，转速也很高，是一种很有前途的直接编码盘。

3　感应同步器

感应同步器应用电磁感应原理，将运动部件的位移或转角变为电信号，用来进行测量或反馈控制。它是一种精密测量元件，在数字控制系统中应用较多，并能满足较高的精度要求。

感应同步器在数控系统中应用极为广泛，大致可以分为测量-数显系统和测量-控制系统，前者往往是开环系统，而后者则是闭环系统。

3.1　感应同步器的工作原理和信号处理

3.1.1　结构与工作原理

如图 27.5-5a 所示，感应同步器由定尺和滑尺两部分组成，定尺上有单向均匀连续感应绕组，绕组节距为 τ；滑尺上有两组励磁绕组，一组称为正弦绕组，另一组称为余弦绕组，节距与定尺相同。当正弦绕组线圈与定尺绕组对齐时，余弦绕组的所有线圈和定尺绕组相差 $\tau/4$。设 $\tau=2\pi$ 电角度，则 $\tau/4=90°$电角度。当向滑尺上正弦绕组通以交流电压 u_s 时，根据电磁感应原理，在定尺绕组上将感应出同频率，相位与滑动位置有关，而幅值正比于两绕组耦合度的感应电动势 e_s，如图 27.5-5b 所示。同理，当余弦绕组上也通以与正弦绕组同样的交流电压时，由于其与定尺相位差为 90°，故在定尺上相应的感应电动势为 e_c，也与 e_s 相差 90°。

3.1.2　信号处理

根据励磁信号和励磁绕组的不同选取方式，感应同步器的测量信号处理方式也有所差异。常用的分为如下两大类。

（1）鉴幅型

鉴幅型是根据感应电动势的振幅变化来检测角位移量的，可分为滑尺励磁和定尺励磁两种方式。其中，滑尺励磁方式是对滑尺上正、余弦两个绕组同时供以相位与频率相同，而幅值变化规律不同的交流电压。

（2）鉴相型

鉴相型是按照感应电动势的相位变化来检测角位移量的，亦分为滑尺励磁和定尺励磁两种方式。其中，滑尺励磁方式是对滑尺上正、余弦两个绕组供以幅值与频率相同，但相位差为 $\pi/2$ 的交流电压。

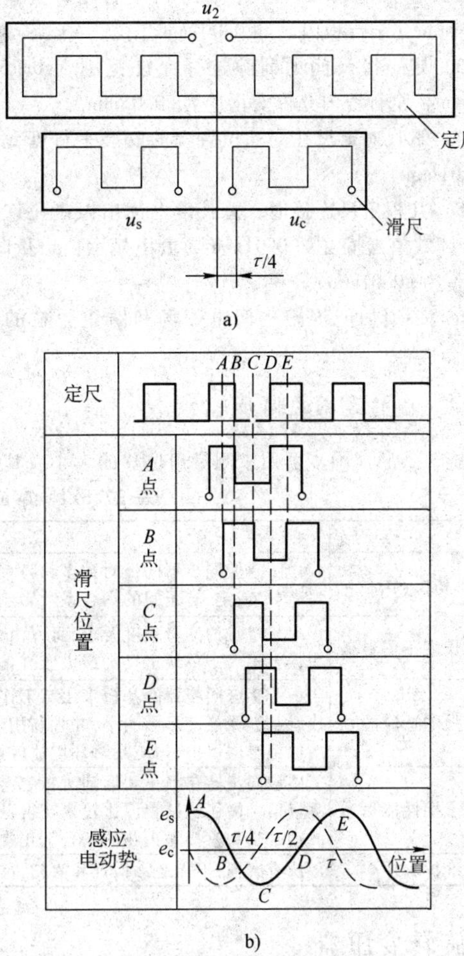

图 27.5-5　感应同步器
a）结构　b）工作原理

3.2　感应同步器的分类和主要参数

根据被测量的性质（线位移或角位移）、测量尺寸的范围、安装条件和精度要求等不同情况，可以按照标准选用不同形状和结构种类的感应同步器，其主要分为直线式和旋转式两种。

3.2.1　直线式感应同步器

直线式感应同步器用来测量线位移的长度。其定尺固定于静止部分，而滑尺安装在移动部件上，根据需要也可以互换。其又可分为标准型、窄型和带型。

对于标准型感应同步器，为了保证定、滑尺在全长范围内的正常耦合，应保证满足以下技术要求：

1）定、滑尺对导轨基准面的侧母线平行度公差分别为 0.04mm（全行程内）和 0.01mm。

2）定、滑尺对导面的上面线（平行度）公差分为0.1mm（全行程内）和0.002mm。

3）定、滑尺间的间隙选择允许范围为0.15～0.35mm，全行程内允许变化量为±0.05mm。

4）滑尺对定尺在同一位置上的安装平行度允差为0.01mm。

5）几根定尺连接时，总长度上读出误差允许为±1个读数值当量（如0.01mm为最小显示位当量时，即允差为±0.01mm）。

6）必须加能屏蔽空间电磁场和防止尘粒的屏蔽罩。

3.2.2 旋转式感应同步器

旋转式感应同步器用来测量角位移的大小。其工作原理与直线式相同，周期一般为 $r=2°$，即转子连续绕组由夹角为1°的360条辐射导线连接而成。定、转子的直径越大，耦合系数越大，精度也越高。为了减小定、转子间的不同心误差，一般都将它们装配成一体。

为了减少转子绕组外接线数目，通常在转子上放置单相连续绕组，相当于直线式的定尺；而定子上置有正、余弦绕组，相当于直线式滑尺。定、转子的外径一般为5～300mm，极对数为50～1000对。旋转式感应同步器又可分为吊线型、电磁耦合型和集电环型。

3.3 感应同步器的特点

感应同步器适用于多种场合，这和它的特点相关，感应同步器的特点见表27.5-1。

表27.5-1 感应同步器的特点及其说明

特点	说明
精度高	由于感应同步器的极对数多，其产生的误差平均效应使得测量精度可比制造精度高，并且输出信号只受滑、定尺或定、转子间的耦合系数影响，而且无机械转换关节
测量长度不受限制	对于过长的测量长度要求，可以由多块定尺拼接加长，并用激光测长仪进行严格调整，可达到总长度累积误差不大于单块定尺的最大允许偏差
有较强的适应能力	由于感应同步器的基板采用与工作机械（如机床、仪器等）底座材料的热膨胀系数相近的铸铁或钢板制成，因此，受热变形影响小，并且利用电磁感应原理产生信号，加上滑尺表面的铝箔层屏蔽和定尺表面的耐腐蚀绝缘层保护，均使其对环境适应能力加强
抗干扰性能强	感应同步器在静止和运动时，都会输出稳定的信号，它的绕组阻抗非常低，不易受空间磁场的干扰，并且测量信号往往通过相位比较来获得，因此，不受电源波动和随机干扰的影响。它能在电压波动±20%、频率波动±1%和有接触火花的场合下正常工作
维护方便	没有磨损，不需经常检查和清扫，尺面防护要求低。切削油和润滑油的浸入对其工作影响亦不大

4 旋转变压器

4.1 旋转变压器的结构和工作原理

4.1.1 旋转变压器的结构

旋转变压器可分为有刷式和无刷式，如图27.5-6所示。它的结构与绕线式异步电动机相似，其定子和转子铁心由高导磁的铁镍软磁合金或硅铜薄板冲成的带槽芯片叠成，槽中嵌有线圈。定子线圈为变压器的原边，转子线圈为变压器的副边，激磁电压接到原边，频率通常有400Hz、500Hz、1000Hz、5000Hz等几种。如果激磁电压的频率较高，则旋转变压器的尺寸可以显著减小，特别是转子的转动惯量可以做得很小，适用于加、减速比较大，或与高精度的齿轮、齿条组合使用的场合。有刷旋转变压器转子绕组接至滑环，输出电压通过电刷引出。无刷变压器没有电刷和滑环，与有刷变压器相比，可靠性好，寿命长，更适用于数控机床。无刷旋转变压器由两部分组成，即左侧的分解器和右侧的变压器。变压器原边绕组固定在与转子连接一体的线轴上，可与转子一起旋转。分解器的转子绕组输出信号接到变压器的原边，而输出从变压器副边引出，如图27.5-6b所示。

常见的旋转变压器一般有两极绕组和四极绕组两种结构型式。两极绕组旋转变压器，定子和转子各有一对磁极。四极绕组旋转变压器各有两对相互垂直的磁极，检测精度高，在数控机床中应用普遍。除此之外，还有一种多极式旋转变压器，用于高精度绝对式检测系统。也可以把一个极对数少和一个极对数多的两种旋转变压器做在一个磁路上，装在一个机壳内，构成所谓的粗测和精测电气变速双通道检测元件，用于高精度测量和同步系统。

4.1.2 旋转变压器的工作原理

旋转变压器在结构上保证其定子和转子之间气隙内磁通分布符合正弦规律，因此，当励磁电压加到定子绕组上时，通过电磁耦合，转子绕组产生感应电动势，其工作原理如图27.5-7所示。设加到定子绕组的励磁电压为

$$E_1=E_M\sin\omega t$$

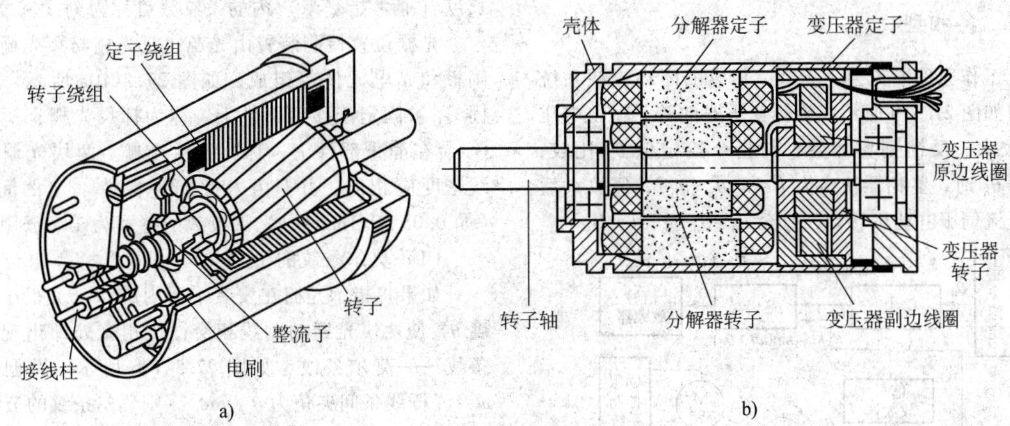

图 27.5-6 旋转变压器

a) 有刷结构 b) 无刷结构

式中 E_M——定子输入电压的幅值。

通过电磁耦合，转子绕组将产生感应电动势 E_2。当转子绕组的磁轴与定子绕组的磁转相互垂直时，定子绕组磁通不穿过转子绕组，所以转子绕组的感应电动势 $E_2=0$，如图 27.5-7a 所示；当转子绕组的磁轴自垂直位置转过 90°时，如图 27.5-7c 所示，由于两磁轴平行，此时转子绕组的感应电压为最大，即

$$E_2 = KE_M \sin\omega t$$

式中 K——变压比。

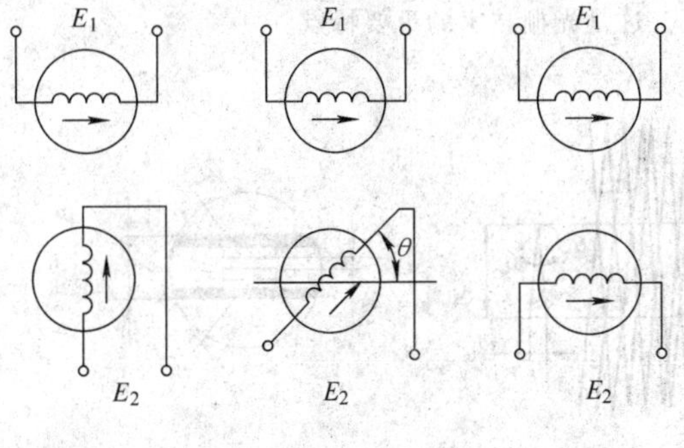

图 27.5-7 旋转变压器的工作原理

当转子绕组的磁轴自水平位置转过 θ 角时，如图 27.5-7b 所示，定子磁通在转子绕组平面的投影为 $\Phi_M\cos\theta$，则转子绕组因定子磁通变化而产生的感应电动势为

$$E_2 = KE_M \sin\omega t\cos\theta \qquad (27.5\text{-}1)$$

显然，当 θ 一定时，E_2 为一等幅余弦波，测得余正弦波的峰值，即可求出转角 θ 的大小。

4.2 旋转变压器的工作方式

在数控系统中，旋转变压器与 3.1.2 节所述的感应同步器一样，也有鉴幅和鉴相等工作方式。不过，因为其测量的是转角信号，通常构成半闭环的位置伺服系统。

4.2.1 鉴幅型

当定子两个绕组的励磁电压相位与频率均相同，而幅值分别与给定角位移 θ_d 的正弦和余弦函数有关时，即

$$u_{1s} = U_m \sin\theta_d \sin\omega t \qquad u_{1c} = U_m \cos\theta_d \sin\omega t \qquad (27.5\text{-}2)$$

则转子正弦绕组感应电压为

$$u_{2s} = kU_m \sin(\theta_d - \theta_0)$$

这时，感应电压的幅值严格按指令给定角位移 θ_d 与转子初始转角 θ_0 的差值的正弦规律变化。工作于鉴幅方式的闭环控制系统原理如图 27.5-8 所示。当 $\theta_0 \neq \theta_d$ 时，$u_{2s} \neq 0$，直流伺服电动机旋转，直至 $\theta_0 = \theta_d$ 时停止。由于信号在传输、放大过程中，将会有相位移动，为此用基准信号作相位补偿，再由相敏放大器判断符号，决定电动机转向。

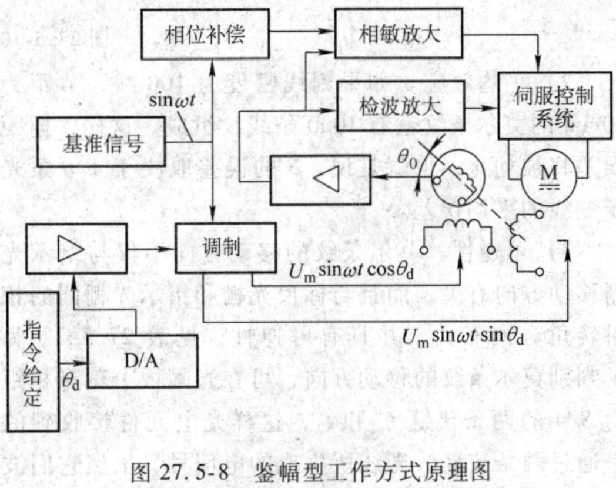

图 27.5-8 鉴幅型工作方式原理图

4.2.2　鉴相型

其工作原理参见 4.1.2 节，相应的闭环控制系统原理图如图 27.5-9 所示。旋转变压器的转子输出电压 u_{2s} 经放大，反馈到鉴相器，与指令给定值 θ_d 比较，当 $\theta_0 \neq \theta_d$ 时，鉴相器输出为 $U=k(\theta_d-\theta_0)$，经放大后驱动直流伺服电动机转动，直至 $\theta_0=\theta_d$ 时，$U=0$。

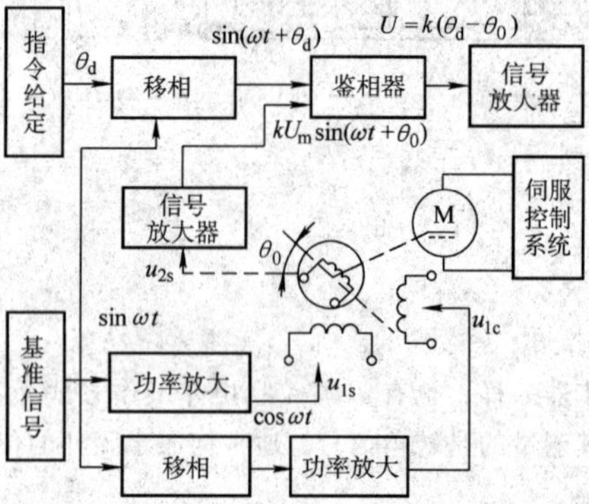

图 27.5-9　鉴相型工作方式原理图

5　光栅

5.1　光栅的基本原理

通常将能透射或反射光线并等间距排列的细条狭缝称为光栅。相邻两条刻缝间的距离称为栅距。单位长度（通常指毫米）内的条纹数目称为刻线密度。

光栅位置检测装置由光源、长光栅与短光栅、光阑板和光电元件等组成，如图 27.5-10a 所示。长光栅 G_1 被固定于移动部件上，称为标尺光栅；短光栅 G_2 装在静止部件上，称为指示光栅。两块光栅的刻线密度应相同，并且互相平行，保持一定的间隙 δ（如 0.05~0.1mm）；光阑板 Z 的缝宽为 1/2 栅距。

（1）莫尔条纹的生成

如果将指示光栅在安装平面内旋转一个很小的角度 θ，使两块光栅的刻线相交，在相交处即出现黑色条纹——莫尔条纹，如图 27.5-10b 所示。设栅距为 ω，光栅线条间夹角为 θ（rad），则莫尔条纹的节距为

$$S=\frac{\omega\cos(\theta/2)}{\sin\theta}\approx\frac{\omega}{\theta} \tag{27.5-3}$$

上式表明，莫尔条纹的节距是栅距的 $1/\theta$ 倍，当标尺光栅沿 X 轴方向移动一个栅距 ω 时，莫尔条纹将沿垂直于光栅的方向移动一个节距 S，在光阑板狭缝处就会检测出一条莫尔条纹，通过透镜和光电元件检测出移过的莫尔条纹数目 N，就可知道 X 轴方向的位移量 $X=N\omega$。

（2）莫尔条纹的特点

1）放大作用。由于 $S=\omega/\theta$，当 θ 很小，取为 0.001rad 时，则 $S=1000\omega$，相当于将栅距放大 1000 倍，从而大大减轻了光电系统的增益要求和复杂程度，这是光栅技术的重要特点。

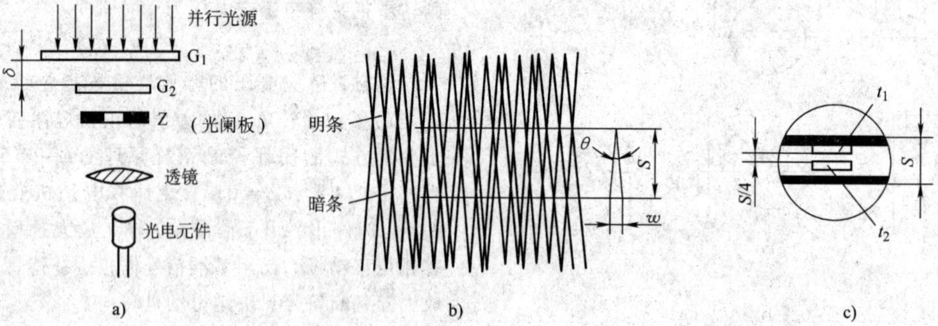

图 27.5-10　光栅检测原理

2）平均效应。如果刻线密度为 100 线，节距为 10mm 的莫尔条纹就有 1000 条线纹组成。这样，栅距误差将被均化，也就是说，S 的误差取决于 $1/\theta$ 条光栅刻线的平均误差。

3）可逆性。莫尔条纹的移动方向不仅与指示光栅移动方向有关，而且与标尺光栅和指示光栅间的相对转角方向有关，并具有可逆性，见表 27.5-2。为了判别莫尔条纹的移动方向，可在光阑板上刻有相距为 $S/4$ 的两条狭缝 t_1 和 t_2，这样光电元件接收到的是通过两条狭缝的光线所生成的电信号，虽然它们波形一致，但相位差 1/4 个周期，由此可以判别莫尔条纹的移动方向。

表 27.5-2　莫尔条纹可逆性

莫尔条纹 \ 指示光栅 / 相关转角 θ	左移	右移
逆时针方向 $+\theta$	下移（t_1 信号超前 1/4 周期）	上移（t_2 信号超前 1/4 周期）
顺时针方向 $-\theta$	上移（t_2 信号超前 1/4 周期）	下移（t_1 信号超前 1/4 周期）

5.2　光栅的分类

5.2.1　透射和反射光栅

根据透射与反射的不同光学原理，光栅可分为透射光栅和反射光栅两类。

(1) 透射光栅

透射光栅是在光学玻璃的感光材料涂层或金属镀膜上做成光栅条纹。这种光栅通常用于中、小型数控机床中，其优点如下：

1) 光源采用平行入射光，光电元件可以直接接受，因此，光电结构比较简单，取得信号的幅值也较大。

2) 刻线密度高，一般为 10 线/mm、25 线/mm、50 线/mm、100 线/mm、200 线/mm 和 250 线/mm，从而减轻了电子线路的负担。

(2) 反射光栅

反射光栅是在抛光不锈钢带的镜面上用照相腐蚀工艺制造或用钻石刀直接刻划而成，其特点如下：

1) 标尺光栅的线膨胀系数与普通钢、铸铁等大体一致。

2) 标尺光栅的安装、调整方便，可用螺钉直接固定，不易破碎。

3) 容易制成长光栅或将几根短光栅接长。

4) 为了使反射后莫尔条纹反差大，刻线密度不宜太高，一般为 4 线/mm、10 线/mm、25 线/mm、40 线/mm、50 线/mm。

5.2.2　直线光栅与圆光栅

根据测量直线位移和角位移的对象不同，光栅还可分为直线光栅与圆光栅两类。圆光栅在圆形底盘的外环端面上，制成黑-白间隔的条纹。根据使用要求不同，条纹数也不同。

1) 六十进制，如 10800、21600、32400、64800 条等。

2) 十进制，如 1000、2500、5000 条等。

3) 二进制，如 512、1024、2048 条等。

5.3　光栅的测量装置

5.3.1　读数头

实际使用的光栅测量装置多数是把光源、指示光栅和光电元件组装在一起，称为读数头。各种读数头类型与特点见表 27.5-3。

表 27.5-3　读数头类型与特点

读数头类型	结构原理	特　点
垂直入射读数头	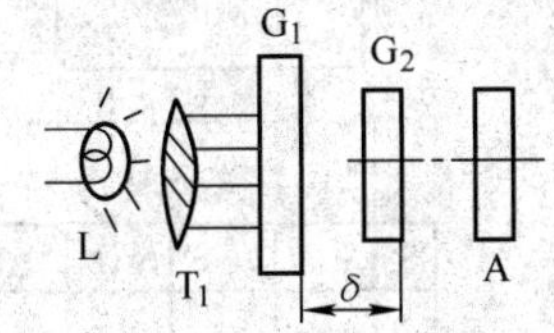	1)应用于割线密度为 25~125 线/mm 的玻璃透射光栅系统 2)间隙 δ 决定于光波波长 λ 和栅距 ω，且 $\delta=\omega^2/\lambda$ 3)其精度可高达 0.001/1000mm
分光读数头	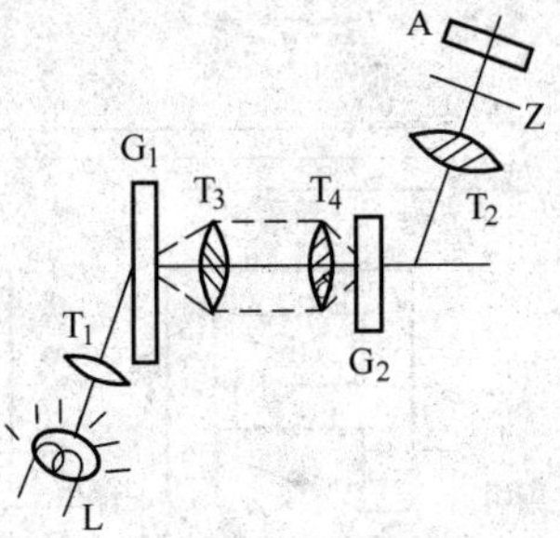	1)刻线截面为锯齿形，其倾斜角 β 决定于光栅材料折射率和入射光的波长 2)栅距与间隙 δ 均较小，ω 约为 0.004mm 3)常采用左图所示的“等倍投影系统”，以弥补 δ 过小在应用上带来的困难 4)适用于高精度、精密测量的场合
反射读数头	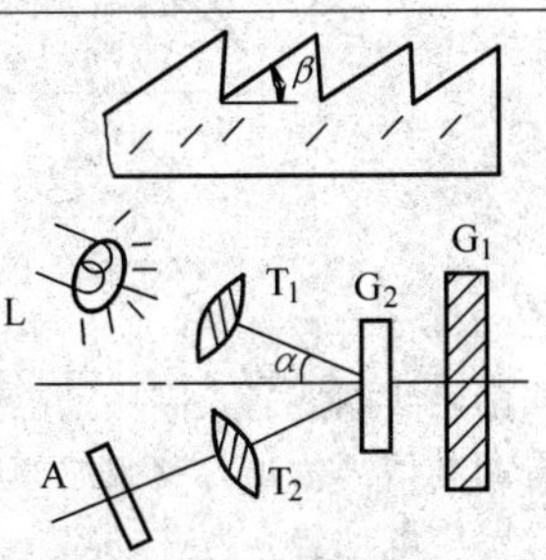	1)应用于 25~50 线/mm 反射系统 2)经过准直透镜 T_1 的平行光，与光栅法面间的 λ 射角 α，一般为 30°

5.3.2　装置原理

如图 27.5-11a 所示，采用四个硅光电池构成四倍频线路，其目的是为了提高光栅分辨精度。当系统有直线位移时，硅光电池就产生正弦波电流信号，经差动放大、整形，获得 A、B 两路方波，再由反相、微分和逻辑门电路组合成正向输出脉冲，如图 27.5-11b 所示。反向输出脉冲可按同理类推。

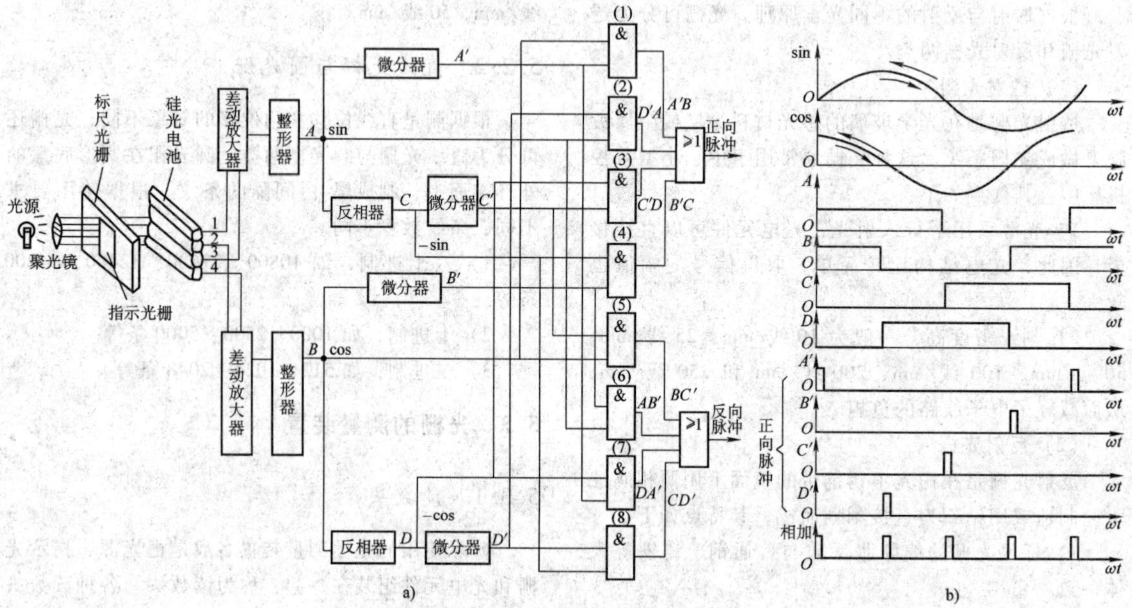

图 27.5-11　光栅位置检测装置原理
a）光栅检测装置　b）波形

若光栅栅距 $\omega=0.02$mm，4 倍频后，每一个脉冲就相当于 0.005mm，分辨精度提高了 4 倍。同理，倍频数还可适当提高，但要细分到 20 倍以上就较困难了。

6　磁尺

磁尺位置检测装置是一种较为新型的检测元件。其特点是制造简单，采用激光录磁可有较高精度；对使用环境要求低，不受油污影响，对电磁场抗干扰能力强；在机床上录制磁尺无安装误差，有利于大型精密数控机床应用。特别是随着新型高导磁磁性材料的开发，更显得有发展前途。磁尺的工作原理如图 27.5-12 所示，其中图 27.5-12a 所示为磁尺检测装置原理，图 27.5-12b 所示为双磁头配置图。

（1）磁性标尺

磁性标尺在非导磁材料的基体上镀一层导磁薄膜，其磁化信号可以是脉冲、正弦波或饱和磁波。信号节距 λ 一般有 0.05mm、0.1mm、0.2mm、1mm 等几种。磁膜厚度的均匀度要求为 10~20μm。

（2）磁头

磁尺位置检测装置中使用的磁头均为磁通响应型，它利用可饱和铁心的磁性调制器原理制成。可以在低速移动，甚至静止时检测出磁性标尺上的磁化信号。当励磁线圈上通入高频励磁电源后，在读取线圈上就有调制信号输出，其载波频率是励磁电流频率的两倍，感应电动势 e 为

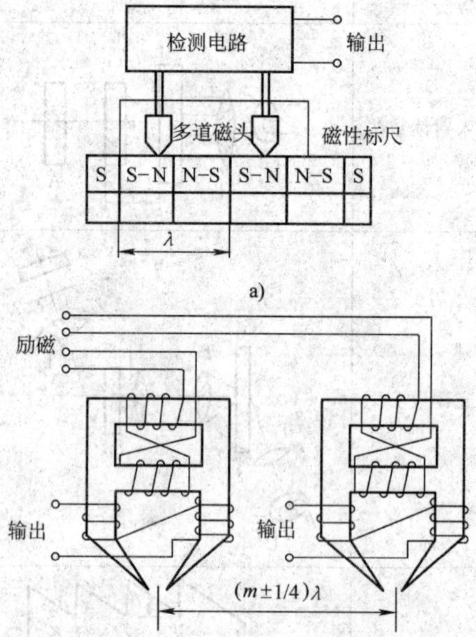

图 27.5-12　磁尺工作原理
a）磁尺检测装置原理　b）双磁头配置

$$e=E_0\sin\frac{2\pi x}{\lambda}\sin\omega_i \quad (27.5\text{-}4)$$

式中　x——位移量；

E_0——常系数；

λ——磁化信号的节距；

ω_i——励磁电流频率。

由于 e 信号很小（十几毫伏以内），可以采用几个或几十个磁头以一定方式串联起来组成多道磁头，以加大输出电压，提高分辨力和精度。

为辨别位移方向，通常采用间距为 $(m \pm 1/4)\lambda$ 的两组磁头（见图 27.5-12b），m 为任意整数，其输出电压分别为

$$e_1=E_0\sin\frac{2\pi x}{\lambda}\sin\omega t \quad e_2=E_0\cos\frac{2\pi x}{\lambda}\sin\omega t \quad (27.5\text{-}5)$$

即可根据 e_1 和 e_2 相位的超前与滞后，来判别位移方向。

（3）工作方式

磁尺与感应同步器相类似，也可分为直线磁尺和旋转磁尺两类，且均为模拟量输出。根据所配检测电路的不同，工作方式也可分为幅值检测和相位检测两种。

相位检测方式是将第一组磁头的励磁电流移相 $\pi/4$，或者将其输出移相 $\pi/2$，则其输出电压为

$$e_1=E_0\sin\frac{2\pi x}{\lambda}\cos\omega t \quad (27.5\text{-}6)$$

此时再将两组输出电动势相加，总输出为

$$e=e_1+e_2=E_0\sin\left(\frac{2\pi}{\lambda}x+\omega t\right) \quad (27.5\text{-}7)$$

相位方式的检测电路与感应同步器相似。

幅值检测方式如图 27.5-13 所示，两个读取磁头通以同频率、同相位、同幅值的励磁电流 i_1 和 i_2，两个读取磁头相位差为 90°，即

$$i_1=i_2=I_m\sin\frac{\omega}{2}t \quad (27.5\text{-}8)$$

两个磁头输出电压分别为

$$e_1=U_m\sin\frac{2\pi}{\lambda}x\cos\omega t \quad e_2=U_m\cos\frac{2\pi}{\lambda}x\cos\omega t \quad (27.5\text{-}9)$$

式（27.5-9）表示的调幅波是以位移量 x 为调制信号，即调制信号的幅值随 x/λ 而变化。信号的解调过程如图 27.5-13 所示，将其输出脉冲送至可逆计数器，即可用来进行伺服控制或数字显示。

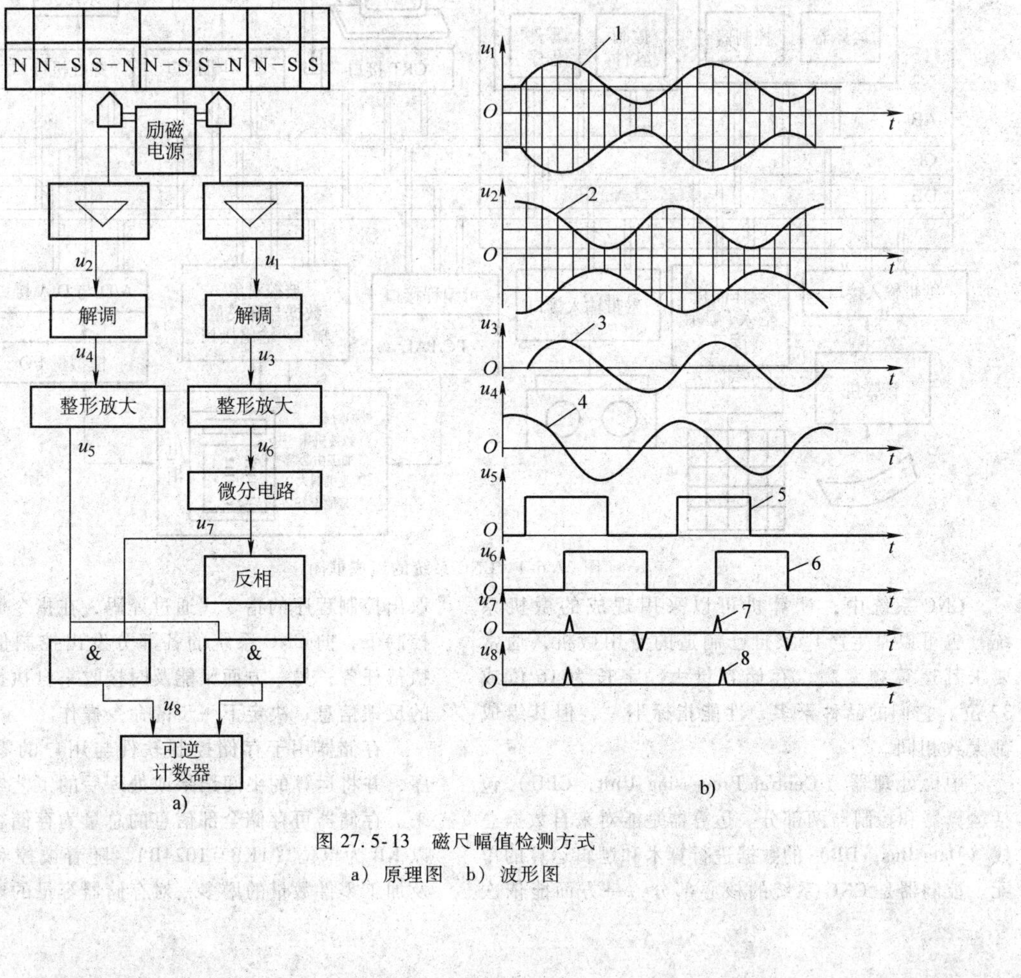

图 27.5-13　磁尺幅值检测方式

a）原理图　b）波形图

第 6 章　计算机数控装置

1　计算机数控系统概述

随着近代电子学和计算机技术的飞速发展，数控系统已经由传统的数控发展成计算机数控（CNC）。目前在 CNC 系统中已经不是采用小型计算机，而是采用以微型计算机（简称“微机”）为主的结构系统。

计算机在 CNC 系统中主要用来进行数值和逻辑运算，对各类被控对象进行实时控制。当被控对象或生产产品改变时，只要修改计算机中的控制软件，就能按新的工艺要求实现数字控制。CNC 系统的控制软件易于修改和扩展，并具有多种控制功能，这要比传统数控系统优越且方便得多。

1.1　计算机数控系统的定义

CNC 系统按美国电子工业协会（EIA）所属的数控标准化委员会的定义是：用一台存储有程序的计算机，按照存储在计算机内部读写存储器中的控制程序去执行数控装置的部分或全部功能，在计算机之外的唯一装置是接口，这种数字控制装置被称为 CNC 装置。

1.2　计算机数控系统的组成

CNC 系统通常由微型计算机（包括中央处理器、存储器、系统总线）和各种输入/输出接口电路组成，系统组成框图如图 27.6-1 所示。

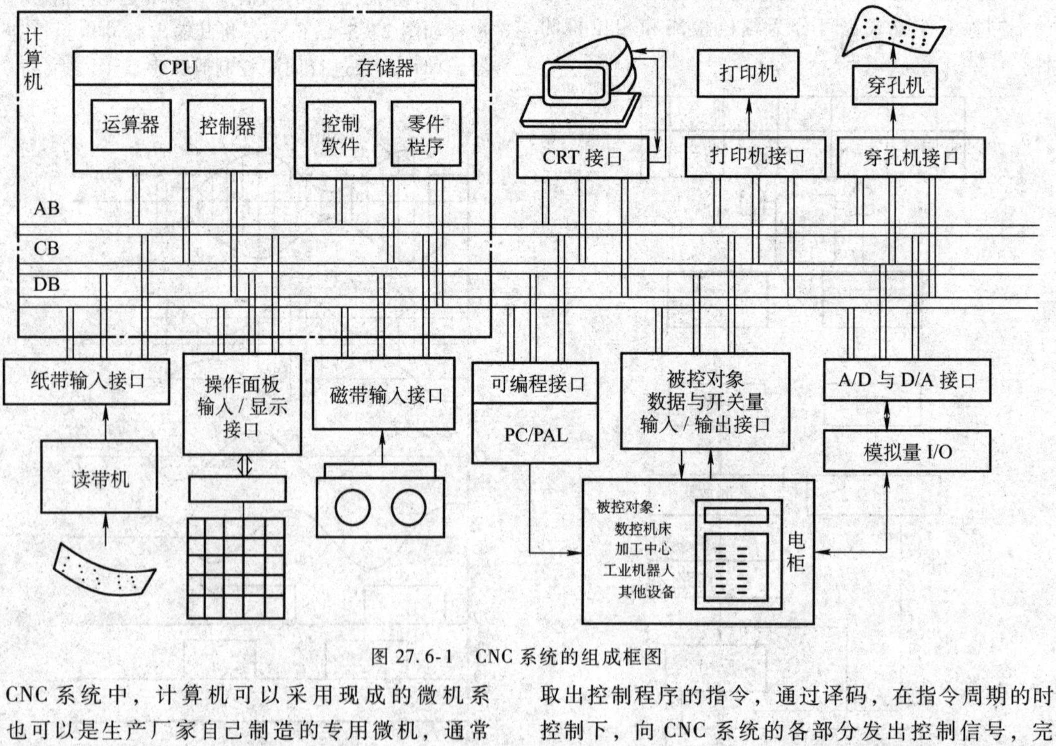

图 27.6-1　CNC 系统的组成框图

CNC 系统中，计算机可以采用现成的微机系统，也可以是生产厂家自己制造的专用微机，通常要求其运算频率高、存储容量大、字长为 16 位或 32 位。它们的品种繁多，性能指标不一，但其组成都大致相同。

中央处理器（Central Processing Unit，CPU）包括运算器和控制器两部分。运算器是能对来自数据总线（Data Bus，DB）的数据进行算术和逻辑运算的单元。控制器是 CNC 系统的核心部分，一方面能依次取出控制程序的指令，通过译码，在指令周期的时序控制下，向 CNC 系统的各部分发出控制信号，完成执行任务；另一方面又能及时接收来自执行部件发出的反馈信息，决定下一步的命令操作。

存储器用于存储控制软件与用户的零件加工程序，并将运算的中间结果或处理后的工艺参数保存起来。存储器可存储全部信息的总量为存储容量，通常以 KB 为单位（1KB = 1024B）。随着被控对象复杂化及加工零件数量的增多，对存储器容量的要求也越来越高，而且需要有只读存储器（Read Only Memory，ROM）和随机存取存储器（Random Access Memory，RAM）等多种类型。

系统总线包括专门用来传送地址代码、控制代码和数据的地址总线（Address Bus，AB）、控制总线（Control Bus，CB）和数据总线，它们是系统信息传递的主干道。

输入/输出设备及其接口是CNC系统实现人-机联系的必要通道。典型CNC系统的输入设备有读带机、磁盘（硬盘和软盘）驱动器、磁带机和操作面板等；输出设备有纸带穿孔机、打印机和CRT（Cathode Ray Tube）显示器等，而磁盘驱动器和磁带机可兼作输入和输出设备。

1.3　计算机数控系统的特点

CNC系统通常具有如下几个特点。

（1）灵活性大

传统的数控系统，当控制对象改变或者生产工艺要求更新时，必须相应地改变其硬件电路及其连线；而对于CNC系统，由于它由程序数字控制，只要修改其相应软件功能就能满足要求，因此，CNC系统具有极大的灵活性。

（2）可靠性高

CNC系统具有很高的可靠性，主要体现在以下两个方面：

1）在CNC系统中，以微处理机为基础，可编程序控制器（Programmable Controller，PC）的逻辑功能代替了传统数控装置中M、S、T代码的继电器控制和其他许多硬件电路，这不仅使系统的信息处理速度加快，而且元器件的出错率也大大下降了，因此大大提高了系统的可靠性。

2）传统的数控装置，在生产加工过程中，加工程序是由读带机逐个读入，依次执行的，而CNC系统中可以将加工程序一次性读入到读写存储器中，并可长时间保留，这样既可减少输入故障，又有利于系统稳定、可靠地工作。

（3）功能性强

由于目前计算机已经具有超高性能的运算能力、完备的多级中断功能和丰富的指令系统，因此，可以很容易地实现诸如高次曲线的轨迹插补运算、刀具半径补偿、多轴联动等复杂运算功能。

（4）通用性好

随着大规模与超大规模集成电路的不断研制和开发，目前CNC的硬件多数采用模块结构，接口电路也可由标准的部件来组成。标准化与模块化不仅为CNC系统结构和用户带来了极大方便，而且更主要的是使CNC系统具有了很强的通用性。对于不同被控对象和用户要求，可以配以不同的系统组件和控制软件。

（5）维修方便

在CNC系统中，可以通过配置工程师面板和诊断软件，方便地进行系统调试、硬件故障寻找和软件查错。这不仅使调试与维修工作十分方便，而且还具有保护被加工零件的功能（如保证零件程序数据的正确性，监视程序数据在被控对象上的执行情况，并及时检出错误，保证被加工零件不致成为废品等）。

（6）具有通信功能

为了对CNC系统实现集中控制和现代管理，通信是不可缺少的重要功能。特别是当CNC应用于计算机分布式数控、FMS和CIMS系统时，则要求系统间具有更强的通信联络功能。

2　计算机数字控制装置的硬件结构

现在生产和新研制的数控机床都采用的是微型计算机数控装置，从价格、功能和使用性能等指标考虑，可分为经济型、标准型和高档型三类数控装置；从硬件结构上可分为大板式结构和模块化结构；按CNC装置中微处理器的数目，可分为单微处理器和多微处理器结构两大类；按CNC装置硬件的设计与制造方式，可分为专用型和通用型。通用型又称为开放式体系结构数控系统，主要是基于通用个人计算机的数控系统。

随着机械制造技术的发展，对数控机床提出了复杂功能、高进给速度和高加工精度等要求，以适应FMS、CIMS等更高层次的要求。因此，多微处理器结构的CNC系统和开放式体系结构数控系统得到了迅速发展，其代表了当今数控系统发展的新水平。

2.1　大板式结构和模块化结构

大板式结构的CNC装置是将主电路板做成大印制电路板，称为主板，包括主CPU和位置控制等，其他电路板为小板，可插在大板的插槽内。大板式数控机床的结构紧凑，可靠性高，但其硬件功能不易变动，柔性低。

模块化结构的CNC装置是将整个CNC装置按功能划分为若干个功能模块，每个功能模块的硬件按模块化方法设计成尺寸相同的印制电路板（称为功能模板），各模板均可插到符合相应工业标准总线的母板插槽内。由于功能模块的控制软件也是模块化的，所以可按积木形式构成CNC装置，使其设计简单，调试与维修方便，具有更好的适应性和扩展性。

2.2 单微处理器数控装置和多微处理器数控装置

(1) 单微处理器数控装置

单微处理器数控装置以一个中央处理器（CPU）为核心，CPU 通过总线与存储器以及各种接口相连接，采取集中控制、分时处理的工作方式，完成数控加工中的各种任务。由于单微处理器数控装置只有一个中央处理器（CPU），其功能受到 CPU 字长、数据宽度、处理速度和寻址能力等因素的限制，为提高处理能力，人们常采用增加协处理器的方法来提高运算速度，采用带 CPU 的 PLC 和 CRT 智能部件等。这种系统虽然有两个以上的微处理器，但只有其中一个主微处理器能控制总线，其他的 CPU 只是附属的专用智能部件，它们组成的是主从结构，故仍被归类为单微处理器结构。

(2) 多微处理器数控装置

1) 功能模块。多微处理器数控装置把机床数字控制这个总任务划分成多个子任务，硬件系统和软件系统一般均采用模块化结构，每个微处理器分管各自的任务，形成特定的功能单元，即功能模块。各功能单元之间可采用紧耦合，有集中的操作系统，也可采用松耦合，用多重操作系统有效地实现并行处理。模块化结构的多微处理器数控装置中的基本功能模块一般有以下 6 种：

① CNC 管理模块。该模块是实现管理和组织整个 CNC 系统的功能模块，如系统的初始化、中断管理、总线仲裁、系统出错的识别和处理、系统软硬件的诊断等功能由该模块完成。

② CNC 插补模块。该模块的作用是完成零件程序的译码、刀具半径补偿、坐标位移量的计算和进给速度处理等插补前的预处理，然后进行插补计算，为各坐标轴提供位移给定值。

③ PLC 功能模块。零件程序中的开关功能和由机床来的信号等在这个模块中做逻辑处理，实现各功能和操作方式之间的连锁，机床电气设备的起、停，刀具交换，转台分度、工件数量和运转时间的计数等。

④ 位置控制模块。该模块将插补后的坐标位置给定值与位置检测器测得的实际位置值进行比较，求出差值，然后通过系统增益调整，进行自动加减速、回基准点、伺服系统滞后量的监视和漂移及误差补偿。在此之前还要得到并输出速度控制的模拟电压(或数字信号)，用于控制伺服进给电动机的运行。

⑤ 操作控制数据输入、输出和显示模块。该模块包括零件程序、参数和数据，各种操作命令的输入、输出以及显示所需的各种接口电路和程序。

⑥ 存储器模块。该模块是存放程序和数据的主存储器，是各功能模块间数据传送的共享存储器。每个 CPU 控制模块中还有局部存储器。

由于 CNC 装置功能与结构的不同，故功能模块的划分和多少也不同，如果要进一步扩充功能，可再增加相应的模块。

2) 通信方式。多微处理器数控装置区别于单微处理器数控装置的最显著特点是功能模块之间的通信，主要采用共享总线结构和共享存储器结构两种类型。

① 共享总线结构，如图 27.6-2 所示，将带 CPU 或 DMA 的模块，即主模块直接挂在共享总线上，这种结构配置灵活，结构简单，无源总线造价低，因此经常被采用。其缺点是会引起传输竞争，使信息传输率降低，总线一旦出现故障，会影响全局。

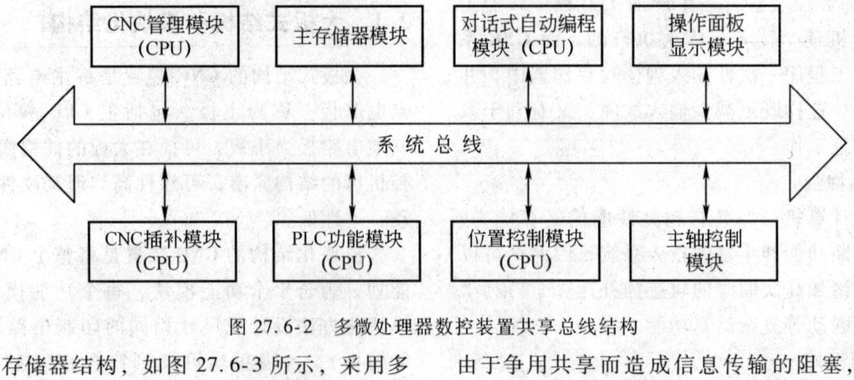

图 27.6-2 多微处理器数控装置共享总线结构

② 共享存储器结构，如图 27.6-3 所示，采用多端口存储器来实现多微处理器之间的互连和通信，即数据交换，每个端口都配有一套数据、地址和控制线，以供端口访问，由专门的多端口控制逻辑电路解决访问的冲突问题。当微处理器数量增多时，往往会由于争用共享而造成信息传输的阻塞，降低系统效率，因此这种结构功能扩展比较困难。

3) 多微处理器数控装置的特点：

① 计算处理速度高。多微处理器结构中每一个处理器完成系统中指定的一部分功能，独立执行程序

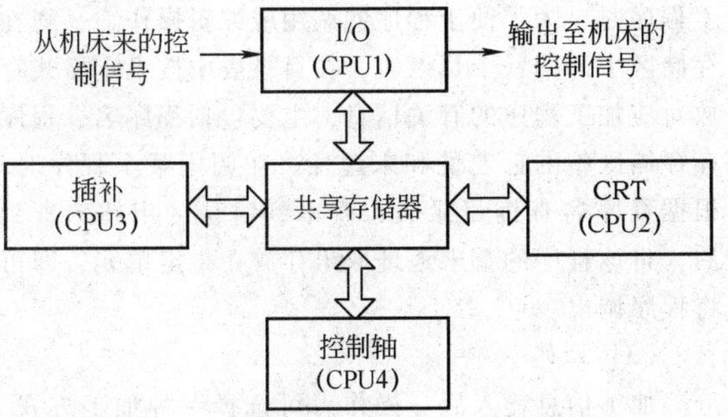

图 27.6-3　多微处理器数控装置共享存储器结构

并运行，比单微处理器提高了计算处理速度。它适应多轴控制、高进给速度、高精度、高效率的数控要求。但由于系统共享资源，其性价比也较高。

② 可靠性高。由于系统中每个微处理器分管各自的任务，形成若干模块，插件模块更换方便，可使故障对系统影响减到最小。共享资源省去了重复机构，既降低了造价，也提高了可靠性。

③ 有良好的适应性和扩展性。多微处理器的 CNC 装置大都采用模块化结构。可将微处理器、存储器、输入/输出控制组成独立微计算机级的硬件模块，相应的软件也是模块结构，固化在硬件模块中。硬、软件模块形成一个特定的功能单元，称为功能模块。功能模块间有明确定义的接口，接口是固定的，成为工厂标准或工业标准，彼此可以进行信息交换。由此可以积木式组成 CNC 装置，使设计简单，有良好的适应性和扩展性。

④ 硬件易于组织规模生产。一般硬件是通用的，容易配置，只要开发新的软件就可构成不同的 CNC 装置，便于组织规模生产，保证质量，形成批量。

2.3　开放式数控体系结构

目前，大多数商品化数控系统，像 FANUC 数控系统、SIEMENS 数控系统、A-B 数控系统、NUM 数控系统及我国的一些数控系统生产厂家生产的数控系统，多数都属于专用型系统。专用型 CNC 装置，由于大批量生产和保密的需要，其硬件和软件是由制造厂专门设计和制造的，一般具有布局合理，结构紧凑，专用性强等优点，但所形成的是封闭式体系结构，具有不同的软硬件模块、不同的编程语言、多种实时操作系统、非标准接口和不同的人机界面等，不仅带来了使用上的复杂性，也给车间物流的集成带来了很多困难。

为解决封闭式的体系结构所存在的问题，西方工业发达国家相继提出了设计开放式体系结构数控系统的问题，使数控系统向规范化及标准化方向发展。1987 年，美国提出了 NGC（the Next Generation workstation/machine Controller）计划，之后欧共体和日本先后提出了 OSACA（Open System Architecture for Control within Automation systems）计划和 OSEC（Open System Environment for Controller）计划。这些计划的实施推动了开放式体系结构数控系统的研究。

（1）开放式体系结构的特点

关于开放式体系结构的定义，目前尚有较大争议，但可以肯定其应该具有以下特点：

1）以分布式控制的原则，采用系统、子系统和模块分级式的控制结构，其构造应是可移植并且透明的。

2）根据需要可实现重构和编辑，以便实现一个系统多种用途，即可实现 CNC、PLC、RC（Robot Control）或 CC（Cell Control）等在内的控制功能。

3）各模块相互独立，在此平台上，系统厂、机床厂和最终用户都可很容易地把一些专用功能和其他有个性的模块加入其中。通过初始化系统设置实现功能分配，保证机床厂和最终用户对系统实施补充、扩展、裁减或修改。

4）具有较好的通信和接口协议，以便使各相对独立的功能模块通过通信实现信息交换，并满足实时控制要求。

（2）开放式体系结构 CNC 系统的优点

1）向未来技术开放。由于软硬件接口都遵循公认的标准协议，新一代的通用软硬件资源就可能被现有系统所采纳、吸收和兼容，这就意味着系统的开发费用将大大降低，而系统的性能和可靠性将不断改善，并处于长生命周期。

2）标准化的人机界面和编程语言，方便用户使用，提高操作效率。

3）向用户的特殊要求开放，方便更新产品、能力扩充和融入用户自身的技术诀窍，创造自己的名牌产品。

4）可减少产品品种，便于批量生产，有利于提高可靠性和降低成本。

（3）基于通用个人计算机（PC 机）的数控系统

鉴于 NGC 等计划过于庞大与复杂，以及个人计算机性能和质量的提高、数量的增加、价格的下降、人们对通用个人计算机熟悉程度的深化，有不少厂家开发了基于通用个人计算机式 CNC 系统，如美国的 ANILAN 公司和 AI 公司，我国的华中科技大学国家数控系统工程技术中心等。这种系统可以充分利用微机工业所提供的先进技术和个人计算机十分丰富的软硬件资源，可使设计任务大大减轻，并能方便地实现产品的更新换代，进而提高产品性能和降低成本，并极大地方便了使用与维修，而且在硬件方面可充分利用个人计算机固有的CPU、BIOS、协处理器、存储器、软硬盘驱动器、串行和并行端口及中断、显示、键盘控制器和扩展插槽等，在软件方面可充分利用个人计算机的操作系统技术、图形技术、数据库技术、网络技术等，良好的人机界面会使操作变得更加简单和方便，开放式体系结构更便于在企业内外实现集成。

3 CNC装置功能

3.1 CNC装置的主要功能与工作过程

CNC系统是一个位置控制系统，其主要任务是根据输入的加工程序和数据，进行刀具与工件之间的相对运动控制，完成零件的自动加工。CNC系统控制零件自动加工的主要功能和流程如下。

（1）设置初态，建立机床坐标系

当CNC装置及数控机床通电后，微机数控装置和可编程序控制器都将对数控系统各组成部分的工作状态进行检查和诊断，并设置初态。若系统一切正常，系统将自动进行机床参考点运行或提示由操作者进行手动运行参考点，所有坐标轴的参考运行结束后，系统便建立了机床坐标系，并对机床刀架或工作台等的当前位置进行正确显示。对于第一次使用的数控装置，必须进行机床参数设置，如指定系统控制的坐标轴，指定坐标计量单位和分辨率，指定系统中配置可编程序控制器的状态（有或无配置，是独立型还是内装型），指定系统中检测器件的配置（有无检测元件及其类型和有关参数），各坐标轴正负向行程极限的设置等。通过机床参数的设置，使CNC装置适应具体数控机床的硬件结构环境。机床参数设置一般是在现场完成，或在装配后由生产厂家设置。

（2）数据输入

CNC装置工作所需的输入数据，主要是数控加工程序及有关刀具补偿数据等。通常操作者可直接通过数控操作面板的键盘编写和输入加工程序。加工程序也可在专门的计算机上编写，然后通过磁盘输入CNC系统或采用通信方式输入。对于输入CNC系统的程序，操作者可随时利用数控装置的程序编辑器进行编辑和修改。

CNC装置在数据输入过程中要完成校验和代码转换工作。加工程序中的指令都要根据一定的规律转换成内部代码（简称内码）进行存储，以方便后续的译码处理。

数控加工程序存储器用于存放整个加工程序，一般数量较大，有时专门设计一个存储器板，供系统配置时选用。当存储器同时顺序存储多个完整的数控加工程序时，为了便于程序的调用或编辑操作，一般在存储区中开辟一个目录表，在目录表中按设定格式存放对应加工程序的有关信息，主要包括程序名、程序在存储区中的首地址和末地址。在调用某个程序时，根据程序名查询目录表，查不到时认为出错，查到后，将该程序的首末地址取出存放在指定单元，即可将程序调出。

（3）译码

加工信息输入后，操作者可选择一种加工方式，如手动方式、自动方式的单程序段运行方式或连续自动加工运行。若选择了自动方式，数控装置在系统程序的控制下，会对输入的加工程序及有关数据进行译码，翻译成CNC的计算机能识别的数据形式，并按给定格式存放在指定的翻译缓冲器中，译码过程主要包括代码识别和功能代码解释两大部分。

代码识别就是通过软件从数控加工程序缓冲器中或MDI缓冲器中逐个读入字符，与各个内码数字相比较，若相等则设置相应标志或做相应处理，这种查询方式是一个一个地串行进行，速度较慢，若译码的实时性要求不高，可以安排在控制软件的后台程序中完成。

经过上述代码识别建立了各功能码，然后进行功能代码处理。首先，建立一个与数控加工程序相对应的译码结果缓冲区，最简单的方法是在CNC装置存储器中划出一块内存区域，并为数控加工程序中可能出现的各个功能代码对应地设置一个内存单元，存放对应的数值或特征字，后续处理软件根据需要就会从相应的内存单元中取出数控加工程序信息，并予以执行。为了尽量减小缓冲器的规模，需对G代码、M代码进行分组，其余的功能代码均只有一种格式，其地址在内存中可以是指定的。

在译码过程中，要对数控加工程序中的语法错误和逻辑错误等进行集中检查，只允许合法程序进入后续处理过程。其中语法错误主要指某个功能代码错误，而逻辑错误主要指一个数控加工程序段或整个数控加工程序内功能和代码之间互相排斥、互相矛盾的错误。对于一个具体的CNC系统来讲，数控加工程序的诊断规则很多，并且与系统的一些设定有关，这里不再一一列出。

数控加工程序和输入数据经译码后就分成两大类型，一类是控制坐标运动的连续数字信息；另一类是M、S、T等开关辅助功能信息，如控制刀具更换、主轴起停、换向、变速、零件装卸、冷却液开关等信息。

（4）数据处理

对于控制坐标运动的连续数字信息，接下来要进行数据处理，又称为数控程序预处理，主要内容如下：

1）坐标几何变换。在数控加工中允许采用多种坐标系，坐标几何变换是根据工件零点（编程零点）相对机床零点的偏移量，确定各坐标系的坐标值与机床坐标系的关系。

2）刀具补偿。根据操作者在加工前输入的实际使用刀具的参数（如刀具长和刀具直径值），使刀架相关点按刀具参数相对编程轨迹进行偏移，将零件编程轨迹自动转化成刀架相关点的轨迹。

3）速度处理。一方面要根据程序给定的进给速度即合成速度，计算出各运动坐标的分速度；另一方面是进行轨迹运行的自动加减速处理，使插补速度命令与系统实际加工速度相适应。当出现大的速度变化时，因受系统动态性能影响，系统难以跟踪给定的轨迹，此时速度预计算程序自动取消自动加工程序给定的轨迹速度，以保证轨迹精度，更好的速度预计算程序应具有超前功能（Look-Ahead-Function），能预先分析多个数控加工程序段，进行相应的速度预计算和处理；另外，补偿计算还必须协调数控装置外部随机的、动态的响应，如操作者利用机床操作面板上的旋转开关，对进给速度和主轴转速进行的修正（一般为 0~150%），以及由随机负载或机床结构的热变形影响等。

（5）插补运算

插补运算是 CNC 系统的主要实时控制软件，是在一个程序段的起点和终点之间，根据插补周期，实时进行中间点的计算。插补运算的实时性很强，即计算速度要能够满足机床坐标轴进给速度和分辨率的双重要求，目前大部分 CNC 系统采用粗、精插补相结合的方法。粗插补采用数据采样插补，采用软件插补方法；精插补采用基本脉冲直线插补，可采用软件插补方法，也可采用硬件插补方法。

（6）位置控制

在闭环和半闭环 CNC 系统中，位置控制由 CNC 系统的位置环来完成。位置环内还有速度环和电流环。在传统 CNC 系统中，速度环和电流环在伺服放大器中闭合，而位置环在 CNC 装置的位置控制单元中闭合。这种位置控制单元的主要任务是：①在每个采样周期中，将插补计算的理论值与实际位置检测反馈值相比较，生成位置误差；②完成位置回路的增益调整；③将该位置回路增益与生成的位置误差相乘产生速度指令；④将该速度指令进行数模转换和电平转换，输出给模拟式速度控制器，控制伺服电动机运行。在位置控制中，还要对各坐标方向的螺距误差和反向间隙误差等进行补偿，以提高机床的定位精度。CNC 装置的位置控制可由硬件完成，也可以软件为主，采用软件与硬件相结合的方法完成。

对采用全数字式伺服控制的 CNC 系统，其位置环、速度环和电流环可均在 CNC 装置的位置控制单元中闭合，也可均在 CNC 装置之外的数字调节模块中闭合。

（7）开关量控制功能

各种开关量控制功能由可编程序控制器（PLC）控制机床电气来实现。此外，前面描述的 CNC 系统内部的信息流（即从对输入信息的解释，直到对控制单元的各坐标轴的输出）可以出现在任意一个数控通道中，在每一个数控通道中，多个轴（包括主轴）运行于异步或同步方式，多个数控通道又可分为几个运行组。PLC 除完成各种开关功能的控制外，各个相关或不相关的数控通道的同步情况也由它实现。此外，还能实现一些机床状态的监控和诊断功能，如一般开关功能应和几何数据处理同步，正在使用的刀具几何语句未执行完成时，PLC 不能执行换刀命令等。

从原理上来讲，PLC 实际上也是一种计算机控制系统，其特点是逻辑处理能力强，面向工业现场，具有更多、功能更强的 I/O 接口，以及面向电气工程技术人员的、使用方便的编程语言，其响应能力比继电器逻辑快，可靠性比继电器逻辑高得多，易于编程、使用和修改，成本也不高，是数控系统中一个重要的组成部分。

现代数控系统中采用的 PLC 可分为内装型和独立型，二者功能相同，前者从属于 CNC 装置，与 CNC 装置集于一体，性价比较高，多用于单微处理器 CNC 系统中；后者可完全独立于 CNC 装置，主要用于多微处理器 CNC 系统中。

将具有高逻辑处理能力的 PLC 和 CNC 组成一体，可以实现功能更强的数字控制，并且已经取得了成功的应用。FANUC 公司推出的 System10/11/12 已将 PLC 控制功能作为 CNC 的一部分，并可通过窗口软件，由用户自行编程，然后由 PLC 送至 CNC 装置使用。

（8）检测和诊断功能

为了保证加工过程的正确进行，应使用检测和诊断功能，以便对各种故障进行定位和处理。这种功能可直接置于 CNC 装置的控制程序中，也可作为附加的、可直接执行的功能模块。检测和诊断功能，可以对机床实行，如机床运行状态、几何精度和润滑状态的检查处理，也可对系统本身硬件和软件实行，如 CNC 系统的硬件装置、硬件电路的导通和断开，各硬件组成部件功能及各软件功能的检查处理，还可对加工过程实行，如刀具磨损、刀具断裂、工件尺寸和表面质量的检查处理等。

对数控系统进行完全的检测和诊断是十分复杂的，需要通过几个或多个检测和诊断功能模块的运行和硬件部分才能进行故障定位。

3.2 CNC 装置的可选择功能

除前面已描述的核心功能外，根据使用者的要求，数控系统还集成了许多附加的可选功能，可以拓宽数控系统的适用范围，提高使用者的方便性和舒适性等。这些功能类型很多，有的已经比较成熟，有的还正在不断完善和扩展中。

（1）图形技术编程和加工模拟

鉴于价格和功能方面的考虑，CNC 系统可提供简单的编程系统，也可提供自动编程功能以及图形技术编程和加工模拟。利用图形技术编程描述简单，编程不需要使用抽象的语言，只要以图形交互方式进行零件描述，根据推荐的工艺数据，再附以用户根据实际情况的选择和修改，便可自动生成数控加工程序。利用图形对加工进行模拟，可在不起动机床的情况下，在显示器上进行各种加工过程的图形模拟，可对难以观察的内部加工及使用切削液的加工部分进行观察，避免加工中产生干涉和碰撞，优化加工过程的走刀路线等。

（2）测量和校正功能

机床结构受温度影响发生热变形、刀具磨损，另外还有一些随机因素都会导致加工位置变化而影响加工精度，CNC 系统可借助于测量装置、传感器和探测器测出机床、刀具和工件的位置变化，查出相应值进行补偿。对随机误差，通常在起动机床时，在机床上进行一次性测量，把结果存入校正存储单元中，用于对后续相应操作的校正。

（3）用户界面

用户界面是数控系统与使用者之间的交流界面，是 CNC 系统提供给用户调试和使用机床的全部辅助手段，如屏幕、开关、按键和手轮等控制元件，用户可自由查看的过程和信息，可定义的数据和功能键，可规定的软件钥匙，可连接的硬件接口等。CNC 系统应为用户提供尽可能大的选择空间，使系统适应性更强，更灵活多变，如利用用户界面进行适应性改造，使数控装置的控制具有可编程性。用户界面的适应性是 CNC 系统质量和开放性的标志。

（4）通信功能

现代数控系统趋向于采用模块式、分布式控制结构，由直接数字控制向分布式数控系统发展。随着计算机网络的发展，特别是局域网标准的不断完善，数控装置与 PLC 之间、与驱动装置和传感器之间可采用现场总线网实现通信连接。此外，远程诊断也需要通过通信方式实现，如串行实时通信系统（SErial Realtime COmmunications System，SERCOS），可作为数字接口用于数控装置与伺服系统之间的串行通信；由 Siemens 公司开发的现场总线 Profibus 用于设备控制层和单元层之间的数据通信。要将数控单元集成到先进的制造系统中，通信也是必不可缺的功能，如可通过 MAP/MMS（制造自动化协议/制造报文规范）支持的网络来实现。

（5）单元功能

为适应先进制造技术的发展，数控装置可配置单元功能，即配置任务管理、托盘管理和刀具管理等功能，以便有可能构成柔性制造单元（FMC）、柔性制造系统（FMS）和计算机集成制造系统（CIMS）等。

（6）统计与管理功能

统计与管理功能主要包括企业和机床数据统计功能以及数控加工程序管理功能等。若将企业和机床数据统计软件集成到 CNC 系统中，自动进行有关数据的统计，可使 CNC 装置的功能范围得到扩展。统计数据分为任务数据（任务期限、设备时间、件数和废品率等）、人员数据（出勤情况和工作时间等）及机床数据（生产时间、停机时间、故障原因和故障时间等），通过统计数据的应用，可方便地分析出生产管理和加工情况。

在数控系统中还可以集成数控加工程序管理器，它进行数控加工主程序和子程序信息（程序号、程序版本、程序状态、运行时间）的管理，提供工件加工必要的配备要求（如刀具、设备和测量手段等），为某种工件的加工做准备。

4 CNC 装置的软件系统

4.1 CNC 软件的特点

（1）多任务性和实时性

CNC 装置是一个机床的控制系统，在硬件的支持下，由软件来完成管理和控制两大任务。系统的管理任务包括通信、显示、诊断、零件程序的输入以及人机界面管理（参数设置、程序编辑、文件管理等），这类程序的实时性要求不高。系统的控制任务包括译码、刀具补偿、速度处理、插补、位置控制和开关量 I/O 控制等，这类程序要完成实时性很强的控制任务。因此，数控系统的控制软件具有多任务性和实时性两大特点。

在多数情况下，CNC 装置要完成数控加工任务，必须同时进行几个任务的处理，即所谓的并行处理。例如，为使操作人员及时了解 CNC 系统的工作状态，软件中的显示模块必须与控制软件同时执行；当

CNC 装置工作在加工方式时，为保证加工的连续性，即刀具在程序段间不停刀，则译码、数据处理模块必须与插补、位置控制程序同时运行。

针对数控系统软件的多任务性和实时性两大特点，有多种并行处理技术。从硬件出发，可以采用设备重复的并行处理技术，如采用多微处理器并行处理 CNC 系统，各个微处理器并行地执行各自的实时任务。从软件出发，可采用设备分时共享并行处理技术、时间重叠流水处理技术和多重中断的并行处理技术。

（2）设备分时共享并行处理

在单 CPU 的 CNC 系统中，或在多 CPU 数控系统的某个需要处理多任务的 CPU 中，一般采用分时共享的原则来解决多任务的同时运行。在使用分时共享并行处理的计算机系统中，必须将各个任务按其所需时间的长短分割成一个个子任务，一个微处理器用时间片轮转的方式处理完成多任务，即按照某种轮换次序给每个子任务分配 CPU 时间，进行各子任务的处理，从微观上看，各子任务分时占用 CPU，从宏观上看，在一段时间内，CPU 并行地完成了各子任务，如同自动线的流水作业。

在设备分时共享并行处理中，要充分利用计算机的高速数据计算和处理能力，以保证每个任务的合理响应时间。每个任务允许占用 CPU 的时间要受到一定限制，如在加工程序的译码、数据处理中，可在其中的某些地方设置断点，当程序运行到断点时，自动让出 CPU，待到下一个运行时间里自动跳到断点处继续执行。

（3）时间重叠流水处理

当 CNC 系统处在零件加工工作方式时，其数据的转换过程将由零件程序输入、插补准备（包括译码和数据处理）、插补和位置控制四个子过程组成。如果每个子过程的处理时间分别为 t_1、t_2、t_3、t_4，那么一个零件程序段的数据转换时间为 $t=t_1+t_2+t_3+t_4$。如果以顺序方式处理每个零件程序段，即第一个程序段处理完后再处理第二个程序段，依次类推，这种顺序处理的时间关系如图 27.6-4a 所示。从图中可以看出，此时在两个程序段的输出之间将有一个时间长度为 t 的间隔，同样在第二个和第三个程序段的输出之间也会有这种时间间隔。由于这种时间间隔较大，会导致电动机时转时停，进而使刀具时走时停，而这种刀具时走时停的情况在加工工艺中是不允许的。

消除这种时间间隔的方法是采用时间重叠流水处理技术，采用这种技术的时间关系如图 27.6-4b 所示。其关键是时间重叠，即在每一段较小的时间间隔内不再仅处理一个子过程，而是处理两个或更多的子过程，这样就使每个零件程序段的输出之间的时间间隔大为减小，从而保证了电动机运转和刀具移动的连续性。

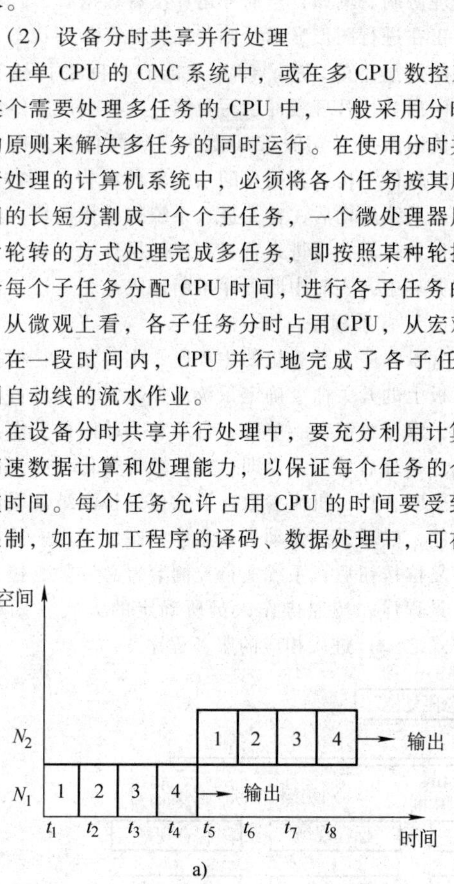

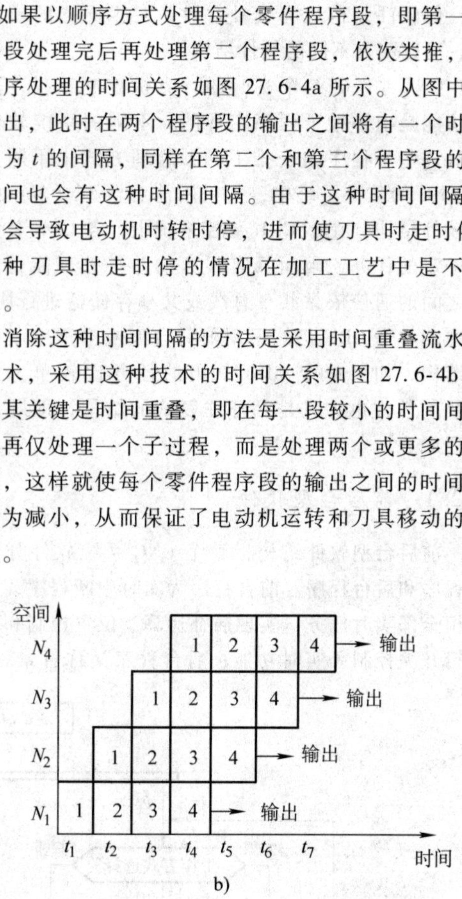

图 27.6-4　顺序处理和时间重叠流水处理

（4）实时中断处理

CNC 控制软件的另一个重要特征是实时中断处理，CNC 系统的多任务性和实时性决定了系统中断成为整个系统必不可少的重要组成部分。对于有实时要求且各种任务互相交错并发的多任务控制系统，可采用多重中断的并行处理技术，这时实时任务被安排成不同优先级别的中断服务程序，或在同一个中断程序中按其优先级高低而顺序运行。CNC 系统的中断管理主要由硬件完成，而系统的中断结构决定于系统软件的结构，其中断类型有以下几种：

1）外部中断。主要有外部监控中断（如急停、检测仪器到位等）和操作面板键盘输入中断。前一种中断的实时性要求很高，通常把这种中断安排在较高的优先级上，而操作面板输入中断则放在较低的中断优先级上，在有些系统中，甚至用查询的方式来处理键盘和操作面板的输入中断。

2）内部定时中断。主要有插补周期定时中断和位置采样定时中断。在有些系统中，这两种定时中断合二为一，但在处理时，总是先处理位置控制，然后再处理插补运算。

3）硬件故障中断。这是各种硬件故障检测装置产生的中断，如存储器出错、定时器出错及插补运算器超时等。

4）程序性中断。它是由于程序中出现各种异常情况而引起的报警中断，如各种溢出及运算中出现零作除数等。

4.2　CNC 系统软件的总体结构

一般而言，软件结构首先要受到硬件结构的限制，但软件结构也有其独立性，对于同样的硬件结构，可以配置不同的软件结构。

CNC 系统是一个实时的计算机控制系统，其数控功能是由各种子程序实现的。不同的系统软件结构对这些子程序的安排不同，管理方式也不同。在单 CPU 的数控系统中，常采用前后台型或多重中断型软件结构；在多 CPU 数控系统中，各 CPU 分别承担一定的任务，因而具有很高的并行处理能力，它们之间的通信依靠共享总线或共享存储器进行协调，其中的单个 CPU 仍然采用前后台型或多重中断型软件结构，如果单个 CPU 承担的任务比较单一，该 CPU 的软件也许只是循环往复式的结构，即顺序执行程序。

4.2.1　前后台型软件

前后台型软件结构把整个 CNC 系统软件分为前台程序和后台程序。前台程序为实时中断程序，几乎承担全部实时任务，实现插补运算、位置控制和机床逻辑开关控制等实时功能；后台程序又称背景程序，是一个循环运行的程序，顺序安排非实时性或实时性要求不高的子程序，如数控加工程序的输入、译码和数据处理，以及各项管理任务。后台程序运行的过程中，实时中断程序不断插入，与后台程序相配合共同完成零件加工任务。后台程序按一定的协议向前台程序发送数据，同时前台程序向后台程序提供显示数据及系统运行状态。

前后台型软件结构的缺点是程序模块间依赖关系复杂，功能扩展困难，协调性差，程序运行时资源不能合理协调。例如，当插补运算没有数据时，若后台程序正在进行图形显示，则使插补处于等待状态，只有当图形显示处理完，CPU 才能有时间进行插补准备，向插补预处理缓冲区写数据，这样会产生停滞。

美国 A-B 公司的 7360 数控系统软件就采用了前后台型软件结构，其简化的系统软件结构如图27.6-5所示。系统启动后，首先进入系统初始化模块，经过系统初始化后，再进入背景程序的循环中，在背景程序的循环中，实时中断程序不断插入。

（1）背景程序

背景程序是计算机的主程序，主要功能是根据控制面板上的开关命令确定系统工作方式，并进行任务调度，以便为键盘、单段、自动和手动四种工作方式服务。系统启动后，立即执行系统初始化程序，包括设置中断入口、机床参数、清除位置检测组件缓冲器等功能，然后系统自动进入急停状态，操作人员按下急停复位按钮后，系统实行控制装置总清除，接着启动背景程序，按照操作人员所确定的方式（四种工作方式之一）进入相应的服务程序。

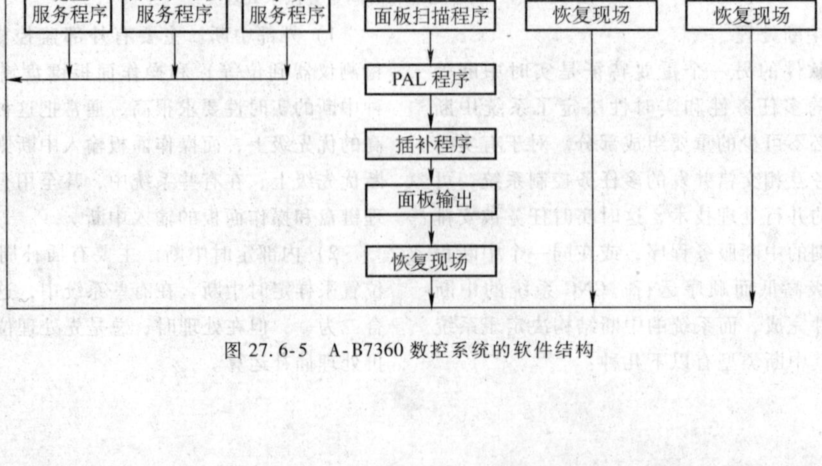

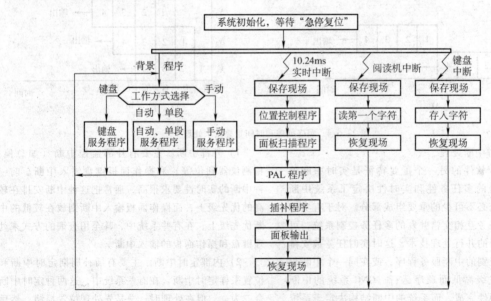

图 27.6-5　A-B7360 数控系统的软件结构

1）键盘方式。通过键盘命令来实现数据输入、零件程序编辑和 MDI 程序输入。数据输入以键盘中断方式实现。当通过键盘送入数据时，屏幕上显示输入数据，待按下“发送”键时，键盘方式服务程序立即要求处理该数据，屏幕的显示被清除，然后返回键盘工作方式。

2）自动和单段方式。按程序段对零件进行加工的方式，在执行完一个程序段后，“单段”方式需要设置“循环停”，待再次按下“循环启动”按键才执行下一程序段。而“自动”方式不需设置“循环停”，自动进入下一个程序段的循环，直至整个零件程序执行完为止。

3）手动方式。用来处理对坐标轴的点动和返回机床原点的操作，实时中断程序根据操作人员在控制面板上设定的操作命令，产生相应的点动速度和点动进给增量。在处理循环中，手动服务程序通过位置控制程序实现坐标轴运动，每次处理后即返回手动工作方式。

（2）中断服务程序

A-B7360 系统的实时过程控制是通过中断方式来实现的，设置了 5 级中断，由计算机硬件加以控制，见表 27.6-1。

表 27.6-1　A-B7360 系统中断功能表

优先级	中断名称	中断性质	主要中断处理功能
1	掉电及电源恢复	非屏蔽	掉电时显示掉电信息,停止处理机,电源恢复时显示接通信息,进入初始化程序
2	存储器奇偶错	非屏蔽	显示出错地址,停止处理机
3	阅读机	可屏蔽	每读一个字符发生一次中断,对读入的字符进行处理并存入阅读机输入缓冲器
4	10.24ms 实时时钟	可屏蔽	实现位置控制,扫描 PLC 实时监控和插补
5	键盘	可屏蔽	每按一个键发生一次中断,对输入的字符进行处理并存入 MDI 输入缓冲器

在各种中断中，非屏蔽中断只在掉电和系统故障时发生，阅读机中断仅在启动阅读机输入数控加工程序时发生，键盘中断占用的系统时间非常短，因此 10.24ms 实时时钟中断是系统的核心，其实时控制任务包括插补运算、位置控制、面板扫描、机床逻辑处理和实时诊断等。系统采用的数字采样插补方法是扩展 DDA 法，粗插补周期为 10.24ms，粗插补结果由位置伺服控制系统进一步实行精插补。位置伺服控制系统由软硬件共同完成。在每个 10.24ms 时钟中断服务结束前，经过插补运算算出下一个周期各坐标的位置增量，在下一个 10.24ms 定时时钟中断服务开始时，位置检测系统对各坐标轴实际位置增量进行采样，将各坐标值与插补运算求得的位置增量值相比较，计算出跟踪误差和系统增益，二者相乘生成系统速度指令输出给位置控制系统硬件，经 D/A 转换后作为进给速度指令驱动各坐标轴伺服电动机运行。

4.2.2　多重中断型软件结构

（1）中断安排

在采用多重中断型软件结构的 CNC 系统软件中，除了开机初始化外，数控加工程序的输入、预处理、插补、辅助功能的实现及位置伺服控制，通过数控面板、机床面板等交互设备进行的数据输入和显示等各功能子程序均被安排在级别不同的中断服务程序中，整个软件是一个大的中断系统，系统管理功能是依靠各中断程序间的数据传输实现。

一个典型的多重中断型 CNC 系统软件中各级中断安排见表 27.6-2。其中断有两种来源：一种是由时钟或其他外部设备产生的中断请求信号，称为硬件中断，如 1、4、6、7、8、9、10 级中断；另一种是由程序产生的中断信号，称为软件中断，这时由 2ms 的实时时钟在软件中分频得出 2、3、5 级中断。硬件中断请求又称外中断，要接受中断控制器 Intel8259A 的统一管理，由中断控制器进行优先排队和嵌套处理；而软件中断是由软件中断指令产生的中断，每出现四次 2ms 时钟中断，就产生第五级 8ms 软件中断，每出现八次 2ms 时钟中断，就分别产生第三级和第二级的 16ms 软件中断，各软件中断的优先顺序由程序决定。因为软件中断有既不使用中断控制器，也不能被屏蔽的特点，因此应将软件中断的优先级嵌入硬件中断的优先级中，当软件中断的服务开始，要通过改变 Intel8259A 屏蔽字的方法，动态调整硬件中断的优先结构，开放比其优先级高的中断，屏蔽比其优先级低的中断，软件中断返回前，恢复Intel8259A初始屏蔽状态。

表 27.6-2　多重中断型软件的中断功能

优先级	主要功能	中断源
1	屏幕显示,ROM 奇偶校验	有初始化程序输入
2	工作方式选择	16ms 软件
3	PLC 控制	16ms 软件
4	参数、变量、数据存储控制	硬件
5	插补运算和位置控制	8ms 软件
6	监控和急停信号	2ms 硬件时钟
7	键盘输入处理	硬件随机
8	纸带阅读机阅读处理	硬件随机
9	报警	串行传送报警
10	ROM 检验,电源断开	硬件、非屏蔽中断

（2）工作过程简介

用户开机后，系统首先进入初始化程序，进行系统硬、软件初始化状态的设置，随后开中断，转入第一级中断处理程序，进行屏幕显示和 ROM 检查。由于第六级中断是 2ms 定时脉冲中断，所以系统很快进入该中断处理程序，进行时钟分频工作，于是 8ms 和 16ms 中断将轮流出现，但因为此时系统还没有开始加工，各级软中断中有关加工的控制工作并不进行。

当操作员通过机床操作面板选择了某一操作方式后，由第三级中断处理程序识别出相应工作方式，建立相应标志，并记录当前面板和键盘状态，进入第二级中断，转入相应工作方式的处理程序。

若选择了手动方式进行工作原点确定和对刀等工作，经第二级中断处理程序相应分支的速度预处理后，由第五级中断处理程序实现相应位移控制。

若选择了 MDI 方式，进入第二级中断的 MDI 处理程序分支之后，可对操作员通过键盘手动输入的各种机床参数、刀具参数和数控加工程序段进行处理。

若选择了某种自动加工方式，并按下机床操作面板上的“循环启动”按钮后，进入第二级中断处理程序相应分支的程序预处理工作，然后进入第五级中断处理程序，进行插补运算、自动升降速处理、位置控制和各种补偿等实时加工处理。若本程序段插补前有辅助功能要求，系统要等待第三级中断处理程序完成这些辅助功能并设置相应标志后才执行第五级中断程序。此外，还有第一级中断的显示工作等将不断循环，直到数控加工程序结束或加工停止信号出现为止。

（3）各级中断程序间的通信

为了进行系统管理，多重中断系统软件结构采取中断程序间通信的方式，其管理方式有以下几种：

1）设置软件中断。由表 27.6-2 可知，第二、三、五级中断都被设置成软件中断，将第六级中断设置成硬件时钟中断，这样便把第二、三、五、六级中断都联系起来了。

2）设置标志。标志是各程序之间相互通信的得力工具，如在加工过程控制中“允许将程序缓冲区 BS 内容送系统工作缓冲区 AS”标志、“开放插补”标志等，前者控制数控加工程序段预处理工作的开始，后者控制辅助功能、插补功能和位置伺服控制等的开始。

5　国内外典型的数控装置简介

5.1　国内典型数控装置

5.1.1　中华Ⅰ型数控系统

中华Ⅰ型数控系统是中国珠峰数控公司与北京航空航天大学等单位共同承担的国家攻关成果。中华Ⅰ型数控装置采用工业 PC 系统控制，达到了国外高档数控系统水平。它采用 32 位机多轴控制和多通道技术，可用于 1~4 通道，每个通道可控制 1~8 轴，可用于 2~4 轴车床、车削中心和双轴双刀架车床等；3~8 轴加工中心（包括五面加工中心）；镗铣床等；多轴组合机床、FMC、FMS 等；线切割机、压力机及其他专用机床。

（1）主要技术特点

中华Ⅰ型数控系统的主要技术特点见表 27.6-3。

表 27.6-3　中华Ⅰ型数控系统的主要技术特点

序号	特　点
1	32 位 CPU 可实现高速、高精度加工，这使得机床设计简化，刚性和传动效率大为提高
2	355.6mm 彩色高分辨力显示器，显示中英文和图形
3	菜单和软件操作，简化了机床操作面板
4	DOS 系统可进行各类文档、表格的管理，由于有技术平台的开放性，用户可以根据自己的需求设计、修改操作界面，使之更美观，更友好
5	大容量电子盘提供了高速、大容量的数据存储功能，使多工序加工、大程序量复杂加工得以实现
6	会话型自动编程与扩展数控语言编程能完成复杂型面的零件加工，编程的过程更直观，更简单
7	多用户操作可同时控制 1~4 台机床，可以实现制造技术的自动化
8	内装式 PLC 简化了机床强电控制
9	软盘、硬盘驱动器，RS232C、RS422 接口，提供了很强的外部存储与通信能力
10	可与国内外 AC、DC 伺服及主轴连接，实现多种精度等级的驱动功能
11	开放式的总线、模块化结构向上可扩展，向下可剪裁，横向可派生新的 NC 机种
12	具有我国自主版权

中华Ⅰ型数控系统结构框图如图 27.6-6 所示。

（2）系统的硬件配置

系统硬件的具体配置有 ALL-IN-ONE CPU 卡（IPC80386/486 4MB RAM），VAG 卡（带 PCI04 总线），MFUN 多功能卡（1.44MB 电子盘、键盘适配器、三个轴控制器），HDD 硬盘驱动器（20MB 以上），FDD 软盘驱动器（1.44MB，89.1mm），POS 轴控制器（3 轴/块），DI/DO104/72/块，CME-BOS 总线板，P、S 电源单元，可选择 228.6mm 单色 CRT/MDI 单元，355.6mm 彩色高分辨力 CRT/MDI 单元也可选择。以上配置可构成 2 轴车床的最小数控系统，也可构成 8 轴联动的复杂数控系统。

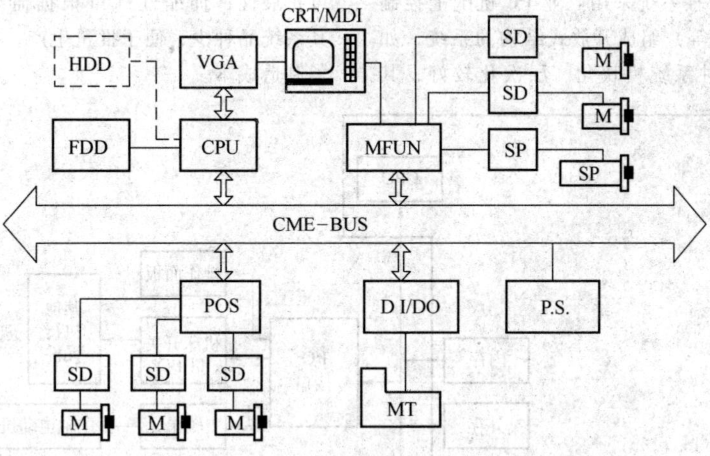

图 27.6-6　中华Ⅰ型数控系统结构框图

（3）系统的软件结构

作为一个基本的技术平台，可以将接口层、通信系统、操作系统和应用软件服务的系统程序组合到一起，如图 27.6-7 所示。在工业自动化领域中，应用软件的作用是控制，这个技术平台就是控制技术应用软件和系统硬件的结合，体系结构的开放也在于此。应用软件通过统一的应用接口来获得平台的服务，这些服务有通信、数据库、配置、图形和操作系统等。人们利用这些服务便可完成具体控制应用软件的开发，尤其针对某些专用设备，利用计算机丰富的软件工具开发一些专用应用软件，便可以组成一台新的专用数控系统。其灵活、多变的特点给用户带来了很多益处。

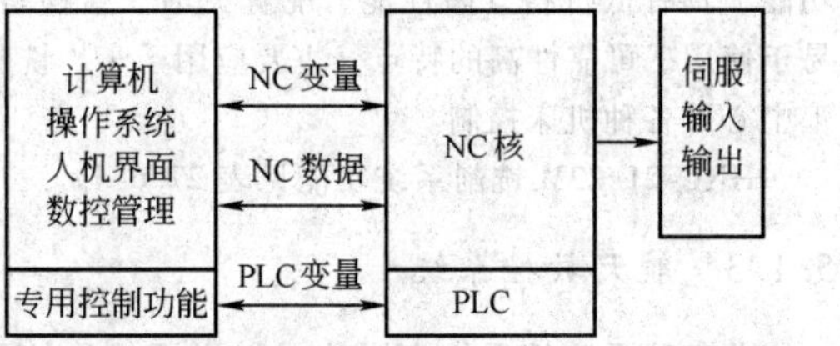

图 27.6-7　系统的软件结构

中华Ⅰ型数控系统由四个功能模块组成，如图 27.6-8 所示，MS-DOS 5.0 操作系统支持 NC 核心运行软件、CNC 软件库 Libl-Lib20、NC 轴控制接口模块 Pxx、PLC 功能模块 Uxx。图中 C_m 为通道数，A_n 为一个通道内最多控制轴数，T_t 为系统周期（ms）。

中华Ⅰ型数控系统的开放性是它的独到之处，这使得许多管理软件、多媒体软件、CAD/CAM 软件、测试软件等可以通过网络等技术在其上运行。利用丰富的计算机软件，用户可以随心所欲的设计和修改操作界面，使其更美观，更友好。NC 内核可以通过通信接口协议把应用软件加到内层中，这种循环编译可以把更多的知识、经验和专用工艺服务于广大用户，

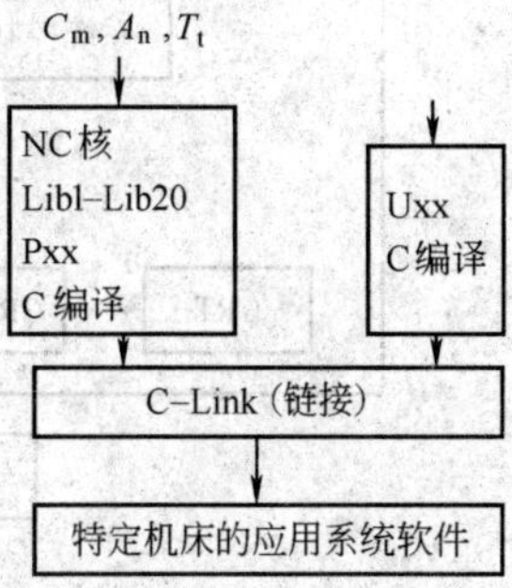

图 27.6-8　功能模块组成

而使其产品更具有特色和竞争力。

总之，中华Ⅰ型数控系统可以使数控机床实现高速、高精度控制，还可使加工工序更具多样性和复杂性。它丰富的补偿功能大大提高了加工精度及一致性，CAD/CAM 的一体化实现了柔性制造，自动编程功能使复杂形体的加工变得更简便。

5.1.2　华中数控系统

华中数控系统是基于通用 PC 系统的数控装置，是武汉华中数控股份有限公司在国家八五、九五科技攻关的重大科技成果。华中数控系统现发展为三大系列：世纪星系列、小博士系列、华中I型系列。而华中I型系列为高档、高性能数控装置，为满足市场要求，又开发了世纪星系列、小博士系列高性能经济型数控装置。世纪星系列采用通用原装进口嵌入式工业 PC 机、彩色 LCD 液晶显示器和内置式 PLC，可与多种伺服驱动单元配套使用；小博士系列为外配通用 PC 机的经济型数控装置，具有开放性好、结构紧凑、集成度高、可靠性好、性价比高及操作维护方便的特点。

（1）华中Ⅰ型数控系统

1）华中Ⅰ型数控系统结构。华中科技大学开发

和生产的华中Ⅰ型数控系统采用工业 PC 机配上控制卡（I/O 板、位置板等）组成开放式结构的系统，如图 27.6-9 所示。这种系统模块化、层次化较好，其可扩展性、伸缩性（可根据需要升级和简化）好。其系统品种少，便于批量生产，提高了可靠性，降低了制造成本。

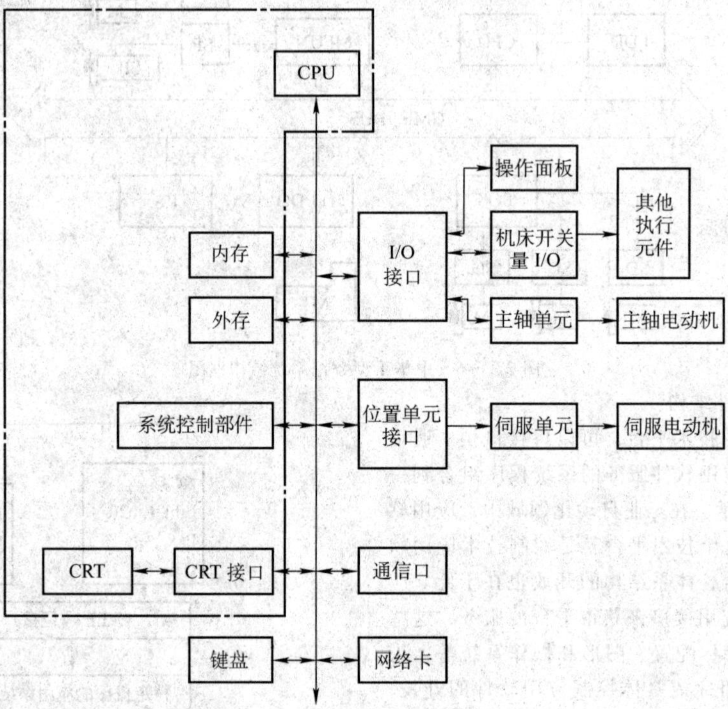

图 27.6-9 华中Ⅰ型数控系统框图

2）华中Ⅰ型数控系统界面。华中Ⅰ型数控系统界面分为硬件和软件界面。硬件界面针对系统不同情况而不同。例如，系统的位置单元接口可根据使用伺服单元的不同而有不同的具体实现方法。当伺服单元为数字式时，位置单元接口采用标准 RS232 串行口；当伺服单元为模拟式交流伺服时，位置单元接口采用位置环板。华中Ⅰ型数控系统控制软件任务是构成一个具有实时多任务控制的数控软件平台，提供了一个方便用户二次开发的环境，以便用户（包括系统厂）在此平台的基础上进行修改和增删，灵活配置派生出不同的 CNC 控制装置。这是一个初步开放的软件系统。

（2）华中世纪星数控系统

华中世纪星数控系统是在华中Ⅰ型、华中 2000 系列数控系统的基础上，为满足用户对低价格、高性能、简单、可靠的要求而开发的数控系统。华中世纪星系列数控单元（HNC-21T、HNC-21/22M）采用先进的开放式体系结构，内置嵌入式工业 PC，配置 7.5in 或 9.4in（1in = 25.4mm）彩色液晶显示屏和通用工程面板，集成进给轴接口、主轴接口、手持单元接口、内嵌式 PLC 接口于一体，支持硬盘、电子盘等程序存储方式以及软驱、DNC、以太网等程序交换功能，具有低价格、高性能、配置灵活、结构紧凑、易于使用、可靠性高的特点，主要应用于车、铣和加工中心等各种机床控制。

HNC-21/22M 铣削系统功能见表 27.6-4。

5.1.3 航天数控系统

北京航天数控系统有限公司（以下简称航天数控）隶属于航天长峰股份有限公司，是国家定点机床数控系统研发中心和产业化基地、北京市新技术产业开发试验区高新技术企业，主要从事机床数控系统及其配套产品的设计、开发、生产、销售和服务以及机床数控化改造工程。

近年来，航天数控充分发挥航天工业的高技术优势，相继开发了高、中、低档的多个系列产品，功能覆盖了车床、铣床、加工中心、磨床和火焰切割机等控制系统，广泛应用于军工、船舶、汽车、航空、航天、造纸和建筑等领域。目前，公司产品已遍及 20 多个省、市、自治区，并远销阿根廷、马来西亚、泰国和俄罗斯等国，取得了良好的经济效益和社会效益。

表 27.6-4　HNC-21/22M 铣削系统功能

序号	说　明
1	最大联动轴数为四轴
2	可选配脉冲式、模拟式交流伺服驱动单元或步进电动机驱动单元以及 H5v 系列串口式伺服驱动单元
3	除标准机床控制面板外,配置 40 路光电隔离开关量输入和 32 路开关量输出接口、手持单元接口、主轴控制与编码器接口,还可扩展远程 128 路输入/128 路输出端子板
4	采用 7.5in 彩色液晶显示器(分辨率为 640×480),全汉字操作界面、故障诊断与报警、多种形式的图形加工轨迹显示和仿真,操作简便,易于掌握和使用
5	采用国际标准 G 代码编程,与各种流行的 CAD/CAM 自动编程系统兼容,具有直线、圆弧、螺旋线、固定循环、旋转、缩放、镜像、刀具补偿和宏程序等功能
6	小线段连续加工功能,特别适用于 CAD/CAM 设计的复杂模具零件加工
7	加工断点保存/恢复功能,方便用户使用
8	反向间隙和单、双向螺距误差补偿功能
9	超大程序加工能力,不需 DNC,配置硬盘可直接加工单个达 2GB 的 G 代码程序
10	内置 RS232 通信接口,轻松实现机床数据通信

航天数控系统平台是具有我国自主版权的开放式数控系统。它是以 PC 机的体系结构为基础构成的开放式数控系统平台（见图 27.6-10），既可以依据此系统平台直接构成单机数控系统，如 CASNUC900 系列，也可以利用此系统平台为基础，与通用 PC 机互联构成多机（或分布式）数控系统，如 CASNUC910 系列，如图 27.6-11 所示。

航天数控系统平台的研制成功，为我国发挥软件优势，实施平台战略发展数控技术奠定了基础。航天数控系统平台的基本性能如下：

1）系统平台所使用的微机为 286 以上 All In One 的通用 PC、AT 机或与其兼容的微机。

2）系统平台所使用的总线为 ISA I/O 总线，或 ISA 和 PCI 总线。

3）系统平台最大的存储器容量为 1～32MB。

4）系统平台可配置的通用外设为可配置不同规格的软/硬件磁盘。

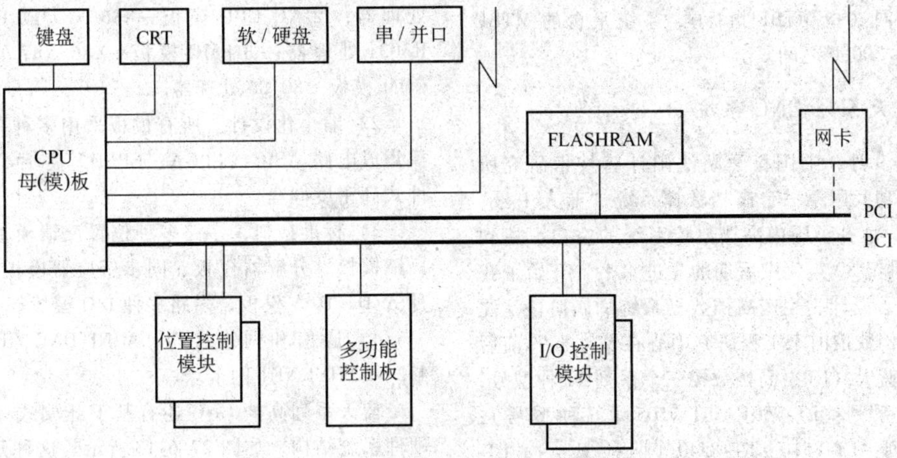

图 27.6-10　航天数控系统的体系结构

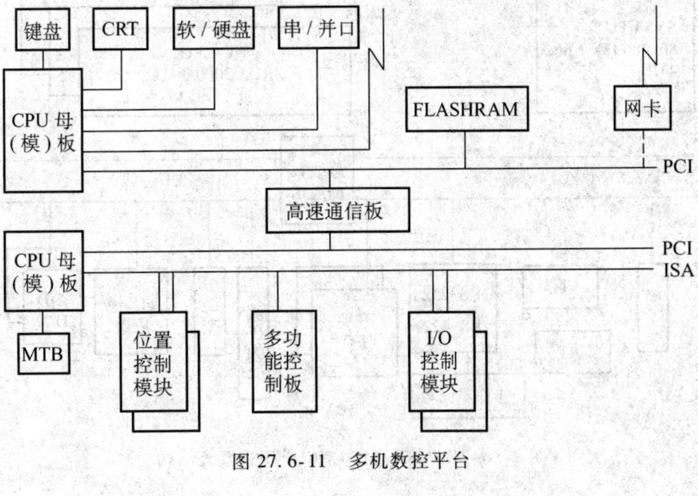

图 27.6-11　多机数控平台

5）系统平台可支持通用串行/并行接口。

6）系统平台可用 Flash 电子盘（DOC）代替硬磁盘。

7）系统平台以高速通信支持系统进线、联网功能。

系统平台能支持的数控专用 I/O 模板数最大为七块，可依据具体系统要求灵活配置。最大的控制轴数为 16 根（共四块位置控制模板，每块模板可控制四根轴）；最大的 I/O 点数为 240 入/136 出，共 376 个点（包括一块多功能板，80 入/16 出，五块通用I/O板，每块 I/O 板 32 入/24 出）。当用于加工中心时，需要定位控制器模板（内含一根主轴），最多的 I/O 点数为 208 入/112 出，共 320 个点，此时可以控制 17 根轴（外加了一根主轴）。

系统平台的可靠性指标：系统平台中的数控通用模板是在 CASNUC901 的基础上，经过 27 次集成缩小化设计后，严格按照 ISO 9001 的设计程序设计生产制造出来的，有极高的可靠性，完全可以与国外进口的同类模板相媲美，依据不同的配置和所选通用 PC 机主板的不同（指 MTBF 指标），系统平台的 MTBF 值在 10000~30000 之间。

5.1.4 蓝天系列 CNC 系统

1990 年 9 月，中国科学院沈阳计算技术研究所自行研制成功我国第一台高档数控系统“蓝天 I 号”（LT-7501），填补了国内高档数控系统的空白，达到了国际 20 世纪 80 年代中后期的先进水平，开始了我国自行研究、设计、生产高档数控系统的新阶段。沈阳计算所高档数控国家工程研究中心在“八五”前后研制开发了蓝天（LT）高档数控三个系列 11 种型号，即 LT-7500 系列：LT-7501 ~ LT-7505（五种型号）；LT-8500 系列：LT-8510 ~ LT-8540（四种型号）；LT-3200 系列：LT-3210~LT-3220（两种型号）。

（1）蓝天系列高档 CNC 硬件系统

蓝天系列高档 CNC 硬件系统（见图 27.6-12）采用面向总线的多 CPU 结构，系统和模板设计采用缩小化技术，驱动和机床采用国际标准或工业标准接口，系统外采用国际标准的通信和网络。

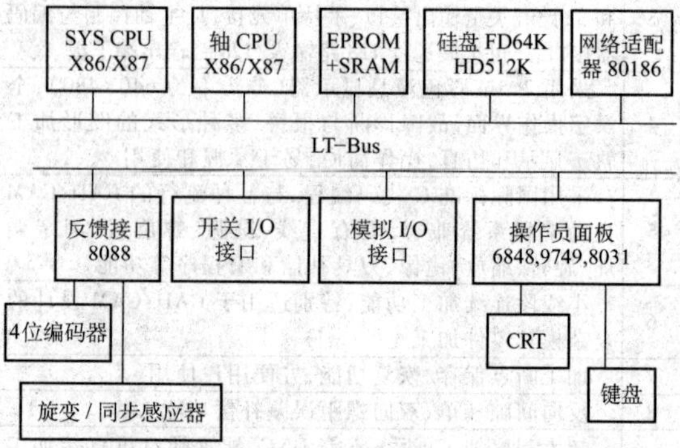

图 27.6-12 基于 LT-总线的蓝天 CNC 多 CPU 系统结构

1）多种 CPU 模板：①SYS CPU 模板—X86/X87 处理器；②NC CPU 模板—X86/X87 或 RISCR3000/R3031 处理器；③PMC 模板—X86/X87 处理器；④COM 模板—80186 处理器。

2）缩小化设计。所有模板采用多种、多片大规模集成电路 ASIC（FPGA、EPLD）芯片，并采用插件式高密度硅盘。

3）标准接口。多路多种位置反馈模板（编码器反馈模板、分解器模板、同步感应器模板），多路多种 A/D、D/A 模板，多路多种 I/O 模板等。

4）通信和网络接口：MINI DNC、RS-232/RS-422、ETHERNET 网卡。

蓝天系列高档 CNC 还有基于开放式体系结构的硬件系统结构，如图 27.6-13 所示。这种开放式结构既保留了长期积累的对轴运动、伺服和机床控制的可

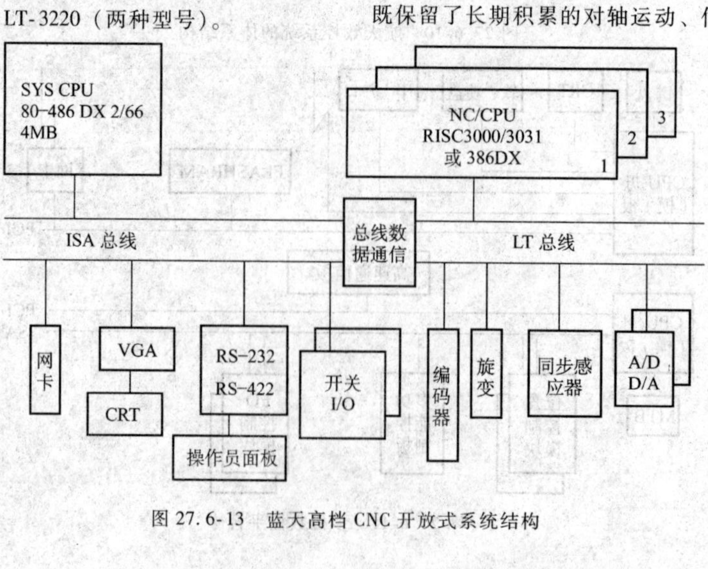

图 27.6-13 蓝天高档 CNC 开放式系统结构

靠性，又采用了基于 PC 机的基本硬软件开放性结构，实践证明，这种结构对于复杂的高档 CNC 系统而言是一种较成功的结构形式。

（2）蓝天系列高档 CNC 软件系统

蓝天系列高档 CNC 软件系统取得了我国第一个高档数控软件（MC/TCV 2.0）的自主版权。它严格按照软件工程思想和方法，由 60 人设计的该软件系统具有如下基本体系结构内容：

1）实时多任务操作系统和生成系统，控制系统的功能设计，分布式多机控制（SYS、NC、PMC、COM），虚拟机械功能（多过程—多插补器/多轴联动/多轴），分层控制（三层控制：任务、控制和物理执行），模块化结构（三层结构：系统、子系统/设施、模块），物理层标准操作（传感器等执行部件）。

2）多种工艺及其集成化。

3）多过程、多轴联动、多轴控制、基本的和专用的插补算法相结合。

4）内装可编程机床逻辑和刀具库自动控制与托盘库自动控制软件。

5）通信与网络软件。

蓝天系列高档 CNC 软件系统体系结构关键特点是基于功能分布的多处理器机制和基于虚拟机械功能的多过程—多插补器（多轴联动）—多轴控制机制。这一特点使蓝天系列高档 CNC 系统进入了国际高档 CNC 系统的先进技术行列。

5.1.5　凯恩帝（KND）CNC 系统

北京凯恩帝数控技术有限责任公司（KND）是机床制造和工业自动化产品知名的供应商，是集数控系统及工业自动化产品研发、生产及营销服务于一体的高科技现代化企业。KND 的产品基本覆盖机床工具行业各类数控机床及其他机械控制领域，在北京设有现代化的研发中心和生产基地。KND 在技术、价格、品质和服务上都具有强劲竞争优势，已成为中国数控行业的知名品牌，在市场占有率、市场表现等方面呈现出强劲的增长势头。

KND 公司已实现年年有新产品推出的良性发展，目前，该公司在常规产品方面已形成了以 KND0、KND1、KND10、KND100、KND200、KND1000 系统为主的六大系列 19 种产品，满足了机床工具行业各种单轴控制机械、数控车铣床及加工中心的需求，为不同用户提供了充分的选择范围。

K1000M8DII CNC 系统是凯恩帝的新产品，如图 27.6-14 所示为 K1000M8DII 的 LCDMDI 面板，如图 27.6-15 所示为 K1000M8DII 的机床控制面板。

KND K1000M8DII 数控系统的主要特点见表 27.6-5。

5.1.6　i5 数控系统

i5 数控系统是由沈阳机床自主研发的具有自主知识产权的智能化数控系统。该系统集成了运动控制技术、计算机技术网络技术和信息技术，具有操作简单、兼容性强和可靠性高的特点。其具体特点如下：

1）操作简单。采用触摸屏幕结合实体按键相结合的操作，使操作更加灵活方便。

2）编程简便。采用融合 FANUC、西门子编程方法，具有通用性强、上手快的特点。系统内植入多种特征循环，只要输入关键部位尺寸，就能生成循环加工程序。

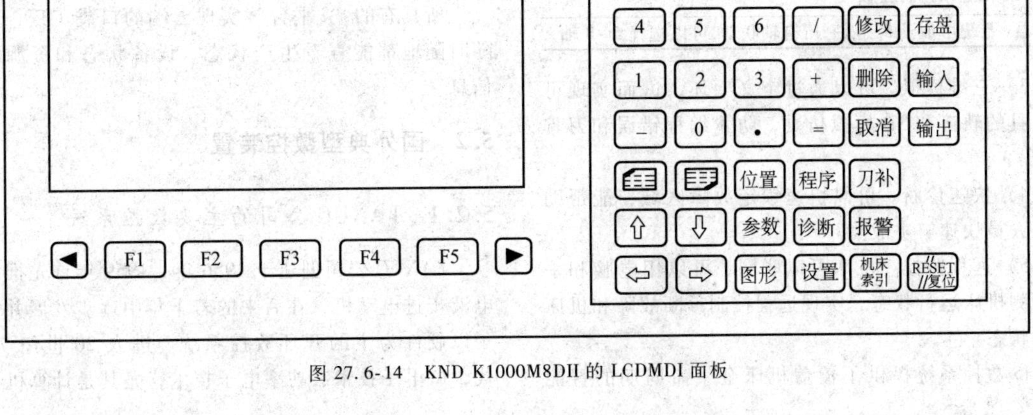

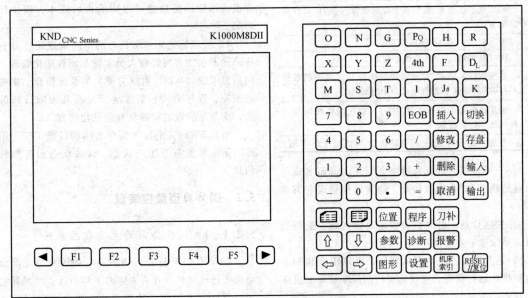

图 27.6-14　KND K1000M8DII 的 LCDMDI 面板

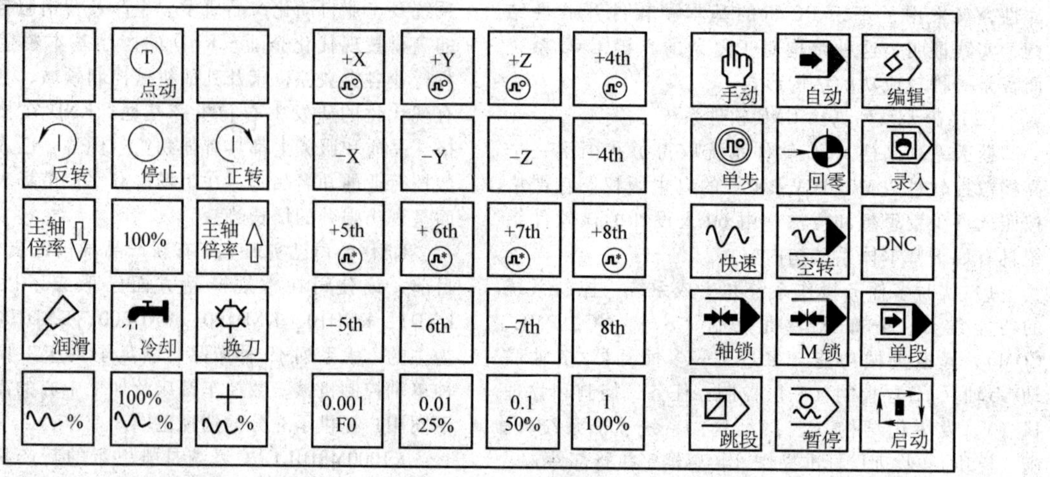

图 27.6-15 KND K1000M8DII 的机床控制面板

表 27.6-5 KND K1000M8DII 数控系统主要特点

序号	说 明
1	采用 32 位处理器实现高速、高精度控制
2	系统屏幕分辨率为 640×480 的彩色 8.4in 液晶显示器
3	主板采用 6 层线路板,表贴元件,定制式 FPGA,集成度高,整机工艺结构合理,抗干扰能力强,可靠性高
4	全中文操作界面,完整的帮助信息,操作更方便
5	采用国际标准 G 指令,与 FANUC 系统指令兼容
6	超强程序指令处理能力,达到 10000 条/18s,可实现高速小线段加工
7	具有丝杠螺距补偿功能
8	高速 DNC 加工,传输速率达到 115200BPS,同时配有大容量程序缓存
9	采用电子盘技术,数据多个位置保存,出错后可快速恢复
10	海量程序存储器(640K 字节)
11	DI/DO 可通过 CAN 总线扩展 512/512 点
12	系统配备 U 盘接口,可实现系统与 U 盘之间的数据互存,以及读取 U 盘程序进行 DNC 加工
13	系统面板不带机床按键,用户可以选配机床附加面板和机床控制面板
14	系统增加了 5~8 轴,所有轴联动,可以选择 5~8 轴

3）三维模拟。可以通过定义毛坯，进而实现可见刀具的轨迹和 3D 模拟仿真，防止编程错误和刀具干涉。

4）快速诊断。可以快速锁定故障区域，能帮助维修人员快速解决故障。

5）远程监控。机床可以联网，可以用电脑和手机监测机床运行状态，实现远程控制诊断故障和机床运行状态。

i5 数控系统提供了覆盖机床全生命周期的智能化解决方案。i5 的智能化主要体现在：操作智能化、编程智能化、维护智能化和管理智能化。

1）操作智能化。采用全新的触摸屏式智能化操作面板，使所有重要功能都可以一键直达，打破教条、无模式的操作方式；采用图形化引导操作，采用了全新图形引擎，支持手势操作；提供多种加工类型，简化编程，提高了效率。

2）编程智能化。该系统可以实现特征编程，可以实现从导入模型、识别模型到生成程序；在工艺支持方面，提供丰富的加工工艺参数，降低了对用户的工艺经验要求；具有图形模拟功能，提供了全新的机床操作体验，图形轨迹清晰明了。

3）维护智能化。该系统提供图形诊断功能，所提供的远程诊断功能可以降低售后成本，较少停机时间。

4）管理智能化。所具有的车间集成统计分析和故障诊断功能方便管理人员实现车间智能化管理。车间信息系统（WIS）可以方便采集系统信息、集成状态监控、程序管理、集成统计分析和故障诊断等功能，实现车间级的智能化和信息化管理。

所具有的“*i* 平台”实现云端的口袋工厂，用户随时随地都能查看生产状态、设备状态和资源状态信息。

5.2 国外典型数控装置

5.2.1 FANUC 公司的主要数控系统

FANUC 公司创建于 1956 年，1959 年首先推出了电液步进电动机，在后来的若干年中逐步发展并完善了以硬件为主的开环数控系统。进入 20 世纪 70 年代，微电子技术、功率电子技术，尤其是计算机技术得到了飞速发展，FANUC 公司毅然舍弃了使其发家的电液步进电动机数控产品，从 GETTES 公司引进了直流伺服电动机制造技术。1976 年，FANUC 公司研制成功数控系统 5，随后又与 SIEMENS 公司联合研制了具有先进水平的数控系统 7。至此，FANUC 公司逐步发展成为世界上最大的专业数控系统生产厂家，产品日新月异。

1979 年，FANUC 公司研制出数控系统 6，它是具备一般功能和部分高级功能的中档 CNC 系统，6M 适用于铣床和加工中心，6T 适用于车床。与过去的机型相比，使用了大容量磁泡存储器，专用于大规模集成电路，元件总数减少了 30%。它还备有用户制作的特有变量型子程序的用户宏程序。

1980 年，在系统 6 的基础上同时向低档和高档两个方向发展，研制了系统 3 和系统 9。系统 3 是在系统 6 的基础上简化而形成的，体积小，成本低，容易组成机电一体化系统，适用于小型、廉价的机床。系统 9 是在系统 6 的基础上强化而形成的，具备高性能的可变软件型 CNC 系统，通过变换软件可适应任何不同用途，尤其适用于加工复杂而昂贵的航空部件、要求高度可靠的多轴联动重型数控机床。

1984 年，FANUC 公司又推出了新型系列产品数控系统 10、11 和 12。该系列产品在硬件方面做了较大改进，凡是能够集成的都做成大规模集成电路，其中，8000 个门电路的专用大规模集成电路芯片有三种，引出脚多达 179 个。另外，专用大规模集成电路芯片有 4 种，厚膜电路芯片有 22 种，还有 32 位的高速处理器、4 兆比特的磁泡存储器等，元件数比前期同类产品又减少了 30%。由于该系列采用了光导纤维技术，使过去在数控装置与机床以及控制面板之间的几百根电缆大幅度减少，提高了抗干扰性和可靠性。该系统在 DNC 方面能够实现主计算机与机床、工作台、机械手和搬运车等之间的各类数据的双向传送。它的 PLC 装置使用了独特的无触点、无极性输出和大电流、高电压输出电路，能促使强电柜的半导体化。此外，PLC 的编程不仅可以使用梯形图语言，还可以使用 PASCAL 语言，便于用户自己开发软件。数控系统 10、11、12 还充实了专用宏功能、自动计划功能、自动刀具补偿功能、刀具寿命管理和彩色图形显示 CRT 等。

1985 年，FANUC 公司又推出了数控系统 0，它的目标是体积小、价格低，适用于机电一体化的小型机床，因此它与适用于中、大型的系统 10、11、12 一起组成了这一时期的全新系列产品。在硬件组成上以最少的元件数量发挥最高的效能为宗旨，采用了最新型高速、高集成度处理器，共有专用大规模集成电路芯片 6 种，其中 4 种为低功耗 CMOS 专用大规模集成电路，专用的厚膜电路有 3 种。3 轴控制系统的主控制电路包括输入和输出接口、PMC（Programmable Machine Control）和 CRT 电路等，这些都在一块大型印制电路板上，与操作面板 CRT 组成一体。系统 0 的主要特点有：彩色图形显示、会话菜单式编程、专用宏功能、多种语言（汉、德、法）显示及目录返回功能等。FANUC 公司推出数控系统 0 以来，得到了各国用户的高度评价，成为世界范围内用户最多的数控系统之一。

1987 年，FANUC 公司又成功研制出数控系统 15，该系统被称之为划时代的人工智能型数控系统，它应用了 MMC（Man Machine Control）、CNC、PMC 的新概念。系统 15 采用了高速度、高精度、高效率加工的数字伺服单元，数字主轴单元和纯电子式绝对位置检出器，还增加了 MAP（Manufacturing Automatic Protocol）和窗口功能等。

FANUC 数控系统以其高质量、低成本、高性能、较全的功能，适用于各种机床和生产机械等特点，在市场的占有率远远超过其他的数控系统。这里主要介绍 FANUC 0 系列、0i 系列及能实现机床个性化的 16i/18i/21i 系列的 CNC 装置。

(1) FANUC 0 系列

FANUC 0 系列分别有 A、B、C、D 产品，各产品又有所不同。在这 4 种产品中，目前在我国使用最多的是普及型 FANUC 0-D 和全功能型 FANUC 0-C 两个系列。

FANUC 0 系统由 CNC 基本配置，主轴和进给伺服单元以及相应的主轴电动机和进给电动机、CRT 显示器、系统操作面板、机床操作面板、附加的输入/输出接口板、电池盒、手摇脉冲发生器等部件组成。其中，CNC 基本配置又由主印制电路板（PCB）、存储器板、图形显示板、可编程机床控制器板（PMC-M）、伺服轴控制板、输入/输出接口板、子 CPU 板、扩展的轴控制板、数控单元电源和 DNC 控制板组成，各板插在主印制电路板上，与 CPU 的总线相连。

FANUC 0 系列产品的特点及说明见表 27.6-6。

FANUC 0 系列产品自 1985 年开发成功以来，在车床、铣床、加工中心、圆柱/平面磨床和压力机等机床中得到了广泛应用。目前，国内很多机床生产厂家都可以根据用户要求，选用 FANUC 0 系列数控系统。

(2) FANUC 0i 系列

FANUC 0i 系列目前在我国已成为主流产品，各机床生产厂家已大量采用。FANUC 0i 系统由主板和 I/O 两个模块构成。主板模块包括主 CPU、内存、

PMC控制、I/O Link控制、伺服控制、主轴控制、LED显示等；I/O模块包括电源、I/O接口、通信接口、MDI控制、显示控制、手摇脉冲发生器控制和高速串行总线等。FANUC 0i系列产品的特点见表27.6-7。

（3）FANUC 16i/18i/21i系列

FANUC 16i/18i/21i系列产品比FANUC 0i系统体积进一步缩小，将液晶显示器与CNC控制部分合为一体，实现了超小型化和超薄型化（无扩展槽时厚度只有60mm）。FANUC 16i/18i/21i系统由液晶显示器一体型CNC、机床操作面板、伺服放大器、强电盘用I/O模块、I/O Link β放大器、便携式机床操作面板及适配器、αi系列AC伺服电动机、αi系列AC主轴电动机、应用软件包等部分组成。

FANUC 16i/18i/21i系列产品的特点及说明见表27.6-8。

表 27.6-6 FANUC 0系列产品特点及说明

特 点	说 明
采用高速的微处理器芯片	FANUC的0系列产品使用Intel 80386芯片，1988年以后的产品使用Intel 80486DX2芯片
采用高可靠性的硬件设计及全自动化生产制造	产品采用了高品质的元器件，并且大量采用了专用超大规模集成电路芯片，在一定程度上提高了数控系统的可靠性和系统的集成度。使用表面安装元件（SMD），进一步提高了数控系统的集成度，使数控系统的体积大幅度减小
丰富的系统控制功能	在系统的功能上具有刀具寿命管理、极坐标插补、圆柱插补、多边形加工、简易同步控制、Cf轴控制和Cs轴控制、串行和模拟的主轴控制、主轴刚性攻螺纹、多主轴控制功能、主轴同步控制功能、PLC梯形图显示和编辑功能、PLC轴控制功能等。该系统还增加了定制型用户宏程序
高速、高精度的控制	FANUC 0-C数控系统采用了多CPU方式进行分散处理，实现了高速连续的切削。在系统功能中增加了自动拐角倍率、伺服前馈控制等，大大减少了伺服系统的误差。对PLC的接口增加了高速M、S、T接口功能。FANUC 0-C系统在硬件上增加了远程缓冲控制，系统可以实现高速的DNC操作
全数字伺服控制结构	FANUC 0-C系统采用全数字伺服控制结构，实现了伺服控制的数字化，大大提高了伺服运行的可靠性和自适应性，改善了伺服性能。由于实现了全数字的伺服控制，可以实现高速、高精度的伺服控制功能，可以实现伺服波形的CRT显示，用于伺服系统的诊断调试
全数字主轴控制	FANUC 0-C系统除了模拟主轴接口以外，还提供了串行主轴控制。主轴控制信号通过光缆与主轴放大器连接，具有连接方便、简捷、可靠的特点。可以实现主轴的刚性攻螺纹、定位、双主轴的速度、相位同步以及主轴的Cs轮廓控制

表 27.6-7 FANUC 0i系列产品特点

序号	特 点
1	FANUC 0i系统为模块化结构。主CPU板上除了主CPU及外围电路之外，还集成了FROM/SRAM模块、PMC控制模块、存储器和主轴模块、伺服模块等。其集成度较FANUC 0系统的集成度更高，因此FANUC 0i系统控制单元的体积更小，便于安装排布
2	采用全字符键盘，可用B类宏程序编程，使用方便
3	用户程序区容量比0MD大一倍，有利于较大程序的加工
4	使用编辑卡编写或修改梯形图，携带与操作较方便，特别是在用户现场扩充功能或实施技术改造时更为便利
5	使用存储卡存储或输入机床参数、PMC程序以及加工程序，操作简单方便。复制参数、梯形图和机床调试程序过程十分快捷，缩短了机床调试时间，明显提高了数控机床的生产效率
6	FANUC 0i系统具有高速矢量响应功能，伺服增益设定比0MD系统高一倍，理论上可使轮廓加工误差减少一半。以切削圆为例，同一型号机床0MD系统的圆度误差通常为0.02~0.03mm，换用FANUC 0i系统后圆度误差通常为0.01~0.02mm
7	机床运动轴的反向间隙在快速移动或进给移动过程中由不同的间隙补偿参数自动补偿。该功能可以使机床在快速定位和切削进给不同工作状态下，反向间隙补偿效果更为理想，这有利于提高零件加工精度
8	FANUC 0i系统可预读12个程序段，比0MD系统多。结合预读控制及前馈控制等功能的应用，可减少轮廓加工误差。小线段高速加工的效率、效果优于0MD系统
9	与0MD系统相比，FANUC 0i系统的PMC程序基本指令执行周期短，容量大，功能指令更丰富，使用更方便
10	FANUC 0i系统的界面、操作、参数与FANUC 18i、16i、21i基本相同，熟悉FANUC 0i系统后可以方便地使用上述系统
11	FANUC 0i系统配备了更强大的诊断功能和操作信息显示功能，给机床用户使用和维修带来了极大方便
12	在软件方面，FANUC 0i系统比FANUC 0系统也有很大提高，特别是在数据传输上有很大改进，如RS232串口通信波特率达19200bps，可以通过高速串行总线与PC机相连，使用存储卡实现数据的输入/输出

表 27.6-8　FANUC 16i/18i/21i 系列产品特点及说明

特　点	说　明
纳米插补	以纳米为单位计算发送到数字伺服控制器的位置指令，极为稳定，在与高速、高精度的伺服控制部分配合下能够实现高精度加工。通过使用高速 RISC 处理器，可以在进行纳米插补的同时，以适合机床性能的最佳进给速度进行加工
超高速串行通信	利用光导纤维将 CNC 控制单元和多个伺服放大器之间连接起来的高速串行总线，可以实现高速度的数据通信并减少连接电缆
伺服高响应矢量控制	通过组合借助于纳米 CNC 的稳定指令和高响应伺服 HRV 控制的高增益伺服系统以及高分辨率的脉冲编码器（16000000r^{-1}），实现高速、高精度加工
丰富的网络功能	FANUC 16i/18i/21i 系统具有内嵌式以太网控制板，可以与多台计算机同时进行高速数据传输，适用于构建在加工线和工厂主机之间进行交换的生产系统，并配以集中管理软件包，以一台计算机控制多台机床，便于进行监控、运转作业和 NC 程序传送的管理
远程诊断	通过因特网对数控系统进行远程诊断，将维护信息发送到服务中心
操作与维护	可以通过画面上所显示的按键进行操作；可以利用存储卡进行各类数据的输入/输出；可以以对话方式诊断发生报警的原因，显示出报警的详细内容和处置方法；显示随附在机床上的易损件的剩余寿命；存储机床维护时所需的信息；通过波形方式显示伺服的各类数据，便于进行伺服的调节；可以存储报警记录和操作人员的操作记录，在发生故障时便于查找原因
控制个性化	通过 C 语言编程，实现画面显示和操作的个性化，可以构建与由梯形图控制的与机器处理密切相关的应用功能；通过宏语言编程，实现 CNC 功能的高度定制
高性能的开放式 CNC	FANUC 160i/180i/210i 系列是与 Windows 2000 对应的高功能开放式 CNC。这些型号的 CNC 与 Windows 2000 对应，可以使用多种应用软件，不仅支持机床制造商的机床个性化和智能化，还可以与终端用户自身的个性化相对应
软件环境	为了与 CNC/PMC 进行数据交换，提供可以从 C 语言或 BASIC 语言调用的 FOCAS（FANUC Open CNC Application Software）驱动器和库函数；提供 CNC 基本操作软件包，它是在计算机上进行 CNC/PMC 的显示、输入、维护的应用软件，通过用户界面向操作人员提供“状态显示、位置显示、程序编辑、数据设定”等操作画面；CNC 画面显示功能软件，是在计算机上显示出与标准的 i 系列 CNC 相同画面的应用软件；DNC 运转管理软件包，可以从计算机的硬盘高速向 CNC 传输 NC 程序，并加以运转工作

5.2.2　西门子公司的主要数控系统

德国西门子公司是世界上最大的电气产品公司之一。西门子公司提供的工业控制产品有：①数控装置（CNC），其商标为 SINUMERIK，用于机床和加工设备的控制；②直、交流驱动系统，用于机床的以 SIMOREG 和 SIMODRIVE 为商标，它包括直、交流主轴和进给驱动控制装置及相应的直、交流电动机；③可编程序控制器（PLC），以 SIMATIC 为商标的各系列的 PLC。西门子的工业控制产品在欧洲占据主导地位，在世界上也享有盛誉。

西门子数控系统以较好的稳定性和较优的性价比，在我国数控机床行业被广泛应用。西门子数控系统的产品类型主要包括 802、810、840 等系列。

（1）SINUMERIK 802S/C

SINUMERIK 802S/C 用于车床和铣床等，可控制三个进给轴和一个主轴，802S 适用于步进电动机驱动，802C 适用于伺服电动机驱动，具有数字 I/O 接口。

（2）SINUMERIK 802D

SINUMERIK 802D 控制四个数字进给轴和一个主轴、PLC、I/O 模块，具有图形式循环编程，车削、铣削、钻削工艺循环和 FRAME（包括移动、旋转和缩放）等功能，可以为复杂加工任务提供智能控制。

（3）SINUMERIK 810D

SINUMERIK 810D 用于数字闭环驱动控制，最多可控制六轴（包括一个主轴和一个副主轴），紧凑型可编程输入/输出。

（4）SINUMERIK 840D

全数字模块化数控设计 SINUMERIK 840D，用于复杂机床、模块化旋转加工机床和传送机，最大可控制 31 个坐标轴。

SINUMERIK 810D/840D 数控系统已被大量机床生产厂家所采用。

下面以 SINUMERIK 840D 数控系统为例，介绍其组成及特点。SINUMERIK 840D 是 20 世纪 90 年代中期设计的全数字化数控系统，具有高度模块化及规范化的结构，它将 CNC 系统和驱动控制集成在一块板子上，将闭环控制的全部硬件和软件集成在 1cm^2 的空间中，便于操作、编程和监控。SINUMERIK 840D 与 SIEMENS 611D 伺服驱动模块及 SIEMENS S7-300PLC 模块构成的全数字化数控系统，能实现钻削、车削、铣削和磨削等数控功能，也可应用于剪切、冲压和激光加工等数控加工领域。SINUMERK 840D 数控系统主要由数控单元电源、主电路板、基本轴控制板、存储器板、伺服系统、位置检测系统、操作面板、机床控制面板、显示器和 I/O 接口组成。SINUMERIK 840D 系统的特点见表 27.6-9。

表 27.6-9　SINUMERIK 840D 系统的特点

序号	说　明
1	采用 32 位微处理器,实现 CNC 控制,可用于完成 CNC 连续轨迹控制以及内部集成式 PLC 控制
2	可实现钻、车、铣、磨、切割、冲、激光加工和搬运设备的控制,备有全数字化的数字驱动模块。最多可控制 31 个进给轴和主轴。其插补功能有样条插补、三阶多项式插补、控制值互联和曲线表插补,这些功能为加工各类曲线曲面零件提供了便利条件。此外还具备进给轴和主轴同步操作的功能
3	其操作方式主要有自动、手动、示教编程及手动数据自动化
4	可根据用户程序进行轮廓的冲突检测、刀具半径补偿的接近和退出策略及交点计算、刀具长度补偿、螺距误差补偿、测量系统误差补偿、反向间隙补偿、过象限误差补偿等
5	数控系统可通过预先设置软极限开关的方法进行工作区域的限制,程序进行减速,对主轴的运行还可以进行监控
6	840D 系统的 NC 编程符合 DIN 66025 标准,具有高级语言编程特色的程序编辑器,可进行公制尺寸、英制尺寸或混合尺寸的编程,程序编制与加工可同时进行,系统具备 1.5MB 的用户内存,可用于零件程序、刀具偏置及补偿的存储
7	840D 的集成式 PLC 完全以标准 SIMATIC S7 模块为基础,PLC 程序和数据内存可扩展到 288KB,I/O 模块可扩展到 2048 个输入/输出点,PLC 程序能以极高的采样速率监视数字输入,向数控机床发送运动停止/起动等命令
8	840D 系统提供有标准的 PC 软件、硬盘和奔腾处理器,用户可在 MS-Windows 98/2000 下开发自定义的界面。此外,两个通用接口 RS232 可使主机与外设进行通信,用户还可以通过磁盘驱动器接口和打印机并行接口完成程序存储、读入及打印工作
9	840D 提供了多语种的显示功能,用户只需按一下按键,即可将用户界面从一种语言转换为另一种语言。显示屏上可显示程序块、电动机轴位置和操作状态等信息
10	840D 系统配有通用操作员接口,加工过程中可同时通过通用接口进行数据输入/输出。此外,用 PCIN 软件可以进行串行数据通信,通过 RS232 接口可方便地使 840D 与西门子编程器或普通的个人计算机连接起来,进行加工程序、PLC 程序和加工参数等各种信息的双向通信。用 SINDNC 软件可以通过标准网络进行数据传送,还可以用 CNC 高级编程语言进行程序的协调

参考文献

[1] 机械工程手册机电工程手册编委会．机械工程手册：电工、电子与自动控制卷［M］．2版．北京：机械工业出版社，1997.

[2] 闻邦椿．机械设计手册：第5卷［M］．5版．北京：机械工业出版社，2010.

[3] 张耀满．机械数控技术［M］．北京：机械工业出版社，2013.

[4] 卢胜利，王睿鹏，祝玲．现代数控系统——原理、构成与实例［M］．北京：机械工业出版社，2007.

[5] 王仁德，张耀满，赵春雨，等．机床数控技术［M］．沈阳：东北大学出版社，2007.

[6] 陈蔚芳，王宏涛．机床数控技术及应用［M］．北京：科学出版社，2005.

[7] 王爱玲，张吉堂，吴雁．现代数控原理及控制系统［M］．北京：国防工业出版社，2005.

[8] 李恩林．数控技术原理及应用［M］．北京：国防工业出版社，2006.

[9] 朱晓春．数控技术［M］．北京：机械工业出版社，2003.

[10] 王贵明．数控实用技术［M］．北京：机械工业出版社，2002.

[11] 机电一体化手册编委会．机电一体化技术手册［M］：2版．北京：机械工业出版社，1999.